中国气候变化海洋蓝皮书（2023）

Blue Book on Marine Climate Change in China (2023)

国家海洋信息中心　编著

北　京

内 容 简 介

　　为全面反映气候变暖背景下海洋关键指标变化的科学事实，国家海洋信息中心基于海洋观测网和其他相关数据编制完成本书。本书内容分为四章，分别从全球海洋状况、中国海洋状况、典型海洋生态系统和影响中国海洋状况的主要因素四个方面给出海洋气候变化的最新监测信息，可为国家和沿海各地方政府及决策部门科学应对气候变化提供基础支撑，为社会公众提供科普宣传基础信息，并满足国内外科研和技术交流需要。

　　本书可供海洋、气象、水产、环境、交通、水利和测绘等领域相关人员参考使用，也可供对气候变化和生态环境变化等感兴趣的读者阅读。

审图号：GS 京〔2024〕0144 号

图书在版编目（CIP）数据

中国气候变化海洋蓝皮书. 2023 / 国家海洋信息中心编著. —北京：科学出版社, 2024.3
　　ISBN 978-7-03-077625-9

Ⅰ. ①中… Ⅱ. ①国… Ⅲ. ①海洋气候—气候变化—研究报告—中国—2023 Ⅳ. ①P732.5

中国国家版本馆CIP数据核字(2023)第253363号

责任编辑：杨逢渤 / 责任校对：樊雅琼
责任印制：徐晓晨 / 封面设计：无极书装

科学出版社 出版
北京东黄城根北街16号
邮政编码：100717
http://www.sciencep.com

北京汇瑞嘉合文化发展有限公司　印刷
科学出版社发行　各地新华书店经销

*

2024年3月第　一　版　　开本：787×1092　1/16
2024年3月第一次印刷　　印张：6 1/4
字数：200 000

定价：108.00元
（如有印装质量问题，我社负责调换）

《中国气候变化海洋蓝皮书（2023）》
编 写 组

组　　长　相文玺

副 组 长　王　慧

编写成员　（以姓氏笔画为序）

王　东	王朋岭	王炜东	王爱梅	邓丽静
左常圣	吕江华	向先全	全梦媛	刘首华
江羽西	李　潇	李文善	李英花	杨　扬
杨锦坤	吴新辉	何斌源	迟玉涛	张建立
陈　斐	武双全	苗庆生	范文静	金波文
骆敬新	贾　宁	徐　浩	高　佳	高　通
董军兴	路文海	潘　嵩		

前　　言

受人类活动和自然因素共同影响，近百年来，全球正经历着以变暖为显著特征的变化。海温持续增高、海平面加速上升、海洋酸化加剧、极端海洋气候事件强度加大等，对自然生态环境和人类经济社会发展产生了广泛的影响，引起当今社会的高度关注。国际组织和各国政府相继发布气候变化评估报告和年度气候状况报告，全面评估气候变化的现状、潜在影响并提出适应和减缓的可能对策。

海洋约占地球表面的 71%，吸收了约 93% 因温室效应产生的额外能量和约 25% 人为排放的二氧化碳，是气候变化的重要调节器和稳定器。海洋在许多方面正经历着过去几百年甚至几千年来未有的变化。中国是一个海洋大国，受海陆不同因素影响，海洋气候变化极具区域特点。沿海地区是中国经济最发达、城市化进程最快的区域，同时也是全球海洋气候变化的敏感区和脆弱区，面临的风险更高。

2022 年，全球平均表面温度比工业化前水平（1850~1900 年平均值）高 1.15℃ ±0.13℃，过去 8 年（2015~2022 年）是有观测记录以来最暖的 8 个年份；全球海洋热含量创历史新高，58% 的海洋表面至少发生了一次海洋热浪；全球平均海平面达有卫星观测记录以来最高；南极最小海冰范围为有观测记录以来最低。近四十年，中国沿海海表温度和海平面上升速率均高于同期全球平均水平，年极值高潮位和最大增水均呈增加趋势，海洋热浪事件发生次数增多、持续时间增长。2022 年，中国沿海海平面和南海沿海平均高高潮位均达有观测记录以来最高，高海平面抬升风暴增水的基础水位，加重了风暴潮和滨海洪涝等致灾程度。

面向新时期科学应对气候变化、防灾减灾和生态文明建设的新需求，自然资源部高度重视，在海洋预警监测司的组织领导下，国家海洋信息中心基于多年积累的完整翔实的海洋观测网数据及其他相关数据，编制完成本书，给出全球和中国近海海洋气候变化的最新监测事实。期待此项工作能为科学把握海洋气候变化规律、减轻海洋灾害风险、保护海洋生态环境及合理开发利用海洋资源提供科学支撑和决策参考。

本书的编制过程中，得到多位资深专家的评阅和指导，同时也离不开编制人员的辛勤付出，在此一并表示诚挚的感谢！

国家海洋信息中心

2023 年 11 月

目　　录

摘　　要

观测表明，全球海洋变暖和海平面上升进一步持续。最近十年（2013~2022 年）全球平均表面温度较工业化前水平（1850~1900 年平均值）高 1.14℃，是有观测记录以来最暖的十年。2022 年，全球上层海洋热含量再创新高，全球平均海平面达到有卫星观测记录以来的最高位，南极最小海冰范围为有卫星观测记录以来最小。1985~2021 年，全球平均表层海水 pH 呈明显下降趋势，平均每 10 年下降 0.017 个 pH 单位。

1980~2022 年，中国沿海海表温度总体呈显著上升趋势，上升速率为 0.28℃ /10 年；沿海海表盐度总体呈下降趋势，下降速率为 0.14/10 年；近岸表层海水 pH 平均每 10 年下降 0.017 个 pH 单位。2022 年，中国沿海平均海表温度较常年（1991~2020 年气候基准期）高 0.54℃，为 1980 年以来第五高；沿海海表盐度较常年低 0.66；长江口至钱塘江口近岸海域酸化现象较为明显，长江口海域夏季底层溶解氧含量最低值为 0.728 毫克 / 升，有低氧现象发生。

1980~2022 年，中国沿海海平面总体呈波动上升趋势，上升速率为 3.5 毫米 / 年。2022 年，中国沿海海平面较 1993~2011 年平均值高 94 毫米，为 1980 年以来最高。1980~2022 年，中国沿海平均高高潮位、极值高潮位和最大增水均呈明显上升趋势，上升速率分别为 4.6 毫米 / 年、4.8 毫米 / 年和 17.3 毫米 / 年，均高于同期沿海海平面上升速率。其中杭州湾沿海平均高高潮位和平均大的潮差长期变化趋势最为显著，上升速率分别为 12.2 毫米 / 年和 13.9 毫米 / 年。

近几十年，中国沿海极端波高长期变化趋势存在区域差异，其中芷锚湾站、大戢山站和南沙站极端波高均呈下降趋势，日照站极端波高呈上升趋势。2010~2022 年，中国近海波高在 2021 年和 2010 年分别处于最高位和最低位。

1963/1964~2022/2023 年，渤海沿海年度海冰冰期和冰量均呈波动下降趋势。

1980~2022 年，中国沿海气温总体呈显著上升趋势，平均每 10 年升高 0.38℃，其中东海沿海上升速率最大，南海沿海最小。2022 年，中国沿海平均气温较常年高 0.34℃。1980~2022 年，中国沿海风速呈波动减小趋势，其中东海沿海风速减小速率最大，渤海沿海最小；沿海感热通量和潜热通量均呈波动下降趋势。

1982~2022 年，中国近海年平均海洋热浪发生频次、持续时间和累积强度均呈显著增加趋势。2022年，中国近海99.7%的海域至少发生了一次海洋热浪事件，渤莱湾、江苏近海、浙江外海和南海北部海域发生海洋热浪的时间均超过150天，对海洋生态系统和渔业资源造成一定影响。

2000~2022年，中国沿海致灾风暴潮次数呈增加趋势。2022年，中国沿海共发生风暴潮过程13次，其中致灾风暴潮5次；近海出现有效波高4.0米（含）以上的灾害性海浪过程36次，其中灾害性台风浪过程12次；沿海强降水日数较常年多4.2天，为1980年以来第二多。1980~2022年，中国沿海暖昼日数增加趋势显著，速率为8.64天/10年，2022年沿海极端高温事件累积强度为57.0℃·天，比常年高31.9℃·天，为1980年以来第一高。

1980~2022年，南黄海冷水团8月最低温度呈上升趋势，上升速率为0.26℃/10年；北黄海冷水团8月最低温度呈微弱上升趋势。2022年，南黄海冷水团和北黄海冷水团8月最低温度较常年同期分别高0.90℃和0.64℃。2000~2022年，黑潮入侵东海的表面流量呈下降趋势，入侵南海的表面流量呈上升趋势。

2018~2022年，广西山口和北仑河口红树林生态系统植株密度变化不明显；涠洲岛竹蔗寮区域珊瑚覆盖度总体呈下降趋势，牛角坑和坑仔区域珊瑚覆盖度无明显变化趋势。

1961~2022年，东亚夏季风强度总体呈减弱趋势，东亚冬季风年际和年代际波动明显。2022年，东亚夏季风和冬季风强度均较常年偏强；夏季西北太平洋副热带高压面积偏大、强度偏强、西伸脊点位置偏西；北极涛动强度较常年偏强。

1950~2022年共发生21次厄尔尼诺事件和18次拉尼娜事件，其中2021年10月开始的弱拉尼娜事件于2023年1月结束。1997~2022年，大西洋多年代际振荡处于暖位相。

Summary

Global ocean warming and sea-level rise are further continuing as shown by observations. In the past 10 years, the global mean surface temperature was 1.14℃ above the pre-industrial baseline, making it the warmest decade on records. In 2022, the global upper ocean heat content reached a new high, the global mean sea level reached the highest level on satellite observation records, the minimum sea ice extent in Antarctica was the smallest on satellite observation records. During 1985-2021, the mean global surface ocean pH showed a significant decrease trend, with a rate of 0.017 pH units per decade.

During 1980-2022, the sea surface temperature (SST) along the China coast showed a significant increasing trend, with a rate of 0.28℃ per decade; the sea surface salinity (SSS) showed a decreasing trend, with a rate of 0.14 per decade; the mean surface ocean pH of China nearshore areas decreased by 0.017 pH units per decade. In 2022, the mean SST along the China coast was 0.54℃ higher than normal (1991-2020 is used as the climate reference period in this book), ranking the fifth highest since 1980; the coastal SSS was 0.66 lower than normal; the acidification phenomenon was more evident in the nearshore waters from the Changjiang Estuary to the Qiantang Estuary. In the summer of 2022, the lowest dissolved oxygen content in the bottom layer of the Changjiang Estuary was 0.728 mg/L, and hypoxia occurred.

During 1980-2022, the sea level along the China coast showed a fluctuating upward trend, with a rate of 3.5 mm/a. In 2022, the sea level along the China coast was 94 mm higher than the 1993-2011 average, reaching the highest level since 1980. During 1980-2022, the mean higher high tide level, annual extreme high tide level and annual maximum surge along the China coast showed the obviously increasing trend and were all higher than the sea level rising rate in the same period, with the rate of 4.6 mm/a, 4.8 mm/a and 17.3 mm/a, respectively. The long-term trend of the mean higher high tide level and the mean great tidal range along the coast of Hangzhou Bay was the most significant, with the rising rate of 12.2 mm/a and 13.9 mm/a, respectively.

In recent decades, the long-term trend of extreme wave height along the China coast showed the regional characteristics, with a downward trend at Zhimaowan Station, Dajishan Station, and Nansha Station and upward trend at Rizhao Station. During 2010-2022, the annual mean wave heights in 2021 and 2010 over China offshore reached the highest and lowest level, respectively.

From 1963/1964 to 2022/2023, both the annual sea ice period and sea ice cover of the Bohai Sea stations showed fluctuating downward trend.

During 1980-2022, surface air temperature (SAT) along the China coast showed a significantly increasing trend, with a rate of 0.38℃ per decade and with the highest increase rate along the coast of the East China Sea (ECS) and lowest rate along the coast of the South China Sea (SCS). The SAT in 2022 was 0.34℃ higher than normal. During 1980-2022, wind speed along the China coast showed fluctuating downward trend, with the largest decline rate along the coast of ECS and the smallest rate along the coast of the Bohai Sea; both the sensible heat flux and latent heat flux along the China coast showed fluctuating downward trend.

During 1982-2022, the frequency, duration and cumulative intensity of annual average marine heatwaves (MHWs) in China offshore waters all showed significant increasing trend. In 2022, 99.7% of the China seas experienced at least one MHW, and MHWs in Bolai Bay, Jiangsu offshore, Zhejiang offshore and northern SCS exceeded 150 days, which have an impact on the marine ecosystem and fishery resources.

During 2000-2022, the disastrous storm surges along the China coast showed an increasing trend. In 2022, there were 13 storm surges along China coast, including 5 disastrous storm surges; there were 36 disastrous wave processes with significant wave heights of 4.0 m or above in China offshore, including 12 disastrous typhoon wave processes; the heavy rainfall days along the China coast was 4.2 days more than normal, ranking the second since 1980. During 1980-2022, warm day number showed a significant increasing trend, with a rate of 8.64 days per decade. In 2022, the accumulated intensity of the high temperature extremes along the China coast was 57.0℃ • days, which was 31.9℃ • days higher than normal and ranking the highest since 1980.

During 1980 to 2022, the minimum temperature of the southern Yellow Sea cold water mass (YSCWM) in August showed an upward trend, with a rate of 0.26℃ per decade; the minimum temperature in August of the northern YSCWM showed a slight upward trend. In 2022, the minimum temperature in August for the southern YSCWM and northern YSCWM was 0.90℃ and 0.64℃ higher than normal, respectively. During 2000-2022, the surface flow of Kuroshio into the ECS and SCS showed a downward trend and an upward trend, respectively.

During 2018-2022, the Mangrove Ecosystem plant density in Shankou and Beilun Estuary of Guangxi showed no significant change; the coral coverage in the Zhuzheliao area of Weizhou

Island showed a downward trend, while coral coverage in Niujiaokeng and Kengzai areas showed no significant change trend.

During 1961-2022, the intensity of the East Asian summer monsoon generally showed a decreasing trend, and the inter-annual and inter-decadal fluctuations of the East Asian winter monsoon were obvious. In 2022, the East Asian summer monsoon and the East Asian winter monsoon were all stronger than normal; the Western North Pacific Subtropical High in summer was larger in area, stronger in intensity, and westward in its ridge point than normal; the Arctic Oscillation in winter was stronger than normal.

From 1950 to 2022, there were 21 El Niño events and 18 La Niña events. The weak La Niña event that began in October 2021 ended in January 2023. From 1997 to 2022, Atlantic Multidecadal Oscillation (AMO) was in a warm phase.

第1章　全球海洋状况

从全球气候变化看，自1750年以来由人类活动造成的全球温室气体浓度增加导致大气圈、海洋圈、冰冻圈和生物圈均发生了广泛而迅速的变化。近期的变化规模及现状是几百年甚至几千年来未有的。当前全球大气二氧化碳平均浓度达到过去200万年以来的最高位，2021年平均浓度达415.7ppm。近50年全球表面温度上升速率为过去2000年中最快。自20世纪80年代以来，开阔海洋表层海水pH呈持续下降趋势，北极海冰面积在所有月份均下降，近10年北极夏季海冰面积可能处于过去1000年最低位。气候变暖下的海洋热膨胀、陆地冰川和极地冰盖融化等因素导致全球海平面加速上升，20世纪以来，海平面上升速率超过3000年以来的任何一个世纪（IPCC，2021）。

1.1　全球表面温度

观测和分析结果表明，全球变暖趋势仍在持续。1963~2022年，全球平均表面温度呈显著上升趋势，平均每10年上升约0.18℃；20世纪80年代以来，每个十年都比前一个十年更暖；最近十年（2013~2022年），全球平均表面温度较工业化前水平（1850~1900年平均值）高1.14℃；过去8年（2015~2022年）是有观测记录以来最暖的8个年份（图1.1）。2022年，全球平均表面温度比工业化前水平高（1.15±0.13）℃（WMO，2023）。

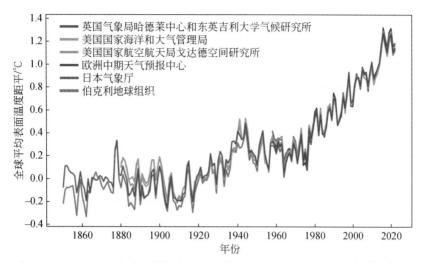

图 1.1　1850~2022 年全球平均表面温度距平（相对于 1850~1900 年平均值）

引自 WMO《2022 年全球气候状况》

Figure 1.1　Global mean surface temperature anomalies from 1850 to 2022

(relative to 1850-1900 average)

Cited from WMO *State of the Global Climate 2022*

1.2　海 表 温 度

1870~2022 年，全球平均海表温度总体呈上升趋势，平均每 10 年上升约 0.04℃，并伴随着年际和年代际振荡。20 世纪 80 年代以来，十年平均海表温度呈梯度上升，2013~2015 年海温急剧抬升，升幅为 0.18℃，之后海温一直处于高位；最近十年（2013~2022 年）平均值高于 1870 年以来的任何一个十年。2022 年，全球平均海表温度较 1870~1900 年平均值高 0.64℃，较常年高 0.15℃，是自 1870 年以来第五暖的年份（图 1.2）。

2022 年，全球平均海表温度变化区域特征明显，太平洋海温表现为典型的拉尼娜模态；印度洋海温表现为西部负异常、东部正异常的印度洋偶极子（IOD）模态。与常年相比，巴伦支海、喀拉海和拉普捷夫海大部海域海表温度高 0.5℃以上，局部海域高 1.5℃以上；北太平洋中部、副热带南太平洋中部和西部、北大西洋西北部、南大西洋局部、南印度洋局部海域海表温度高 0.5℃以上，局部海域高 1.0℃以上。而赤道中东太平洋、南太平洋南部、印度洋中西部海域海表温度偏低，其中赤道中东太平洋局部海域偏低 1.0℃以上。中国近海大部海表温度偏高，其中黄海和东海高 0.5~1.0℃（图 1.3）。

黑潮延伸体海域（31°N~38°N，142°E~160°E）汇聚了从北太平洋副热带输送来的能量与热量，对中国近海海洋气候环境影响显著。1960~2022 年，黑潮延伸体的年平均海表温度总体呈显著上升趋势，上升速率为 0.10℃ /10 年，高于全球平均水平（0.08℃ /10 年）。2022 年，黑潮延伸体年平均海表温度较常年高约 0.4℃，比 2021 年高约 0.2℃，为 1960 年以来的第四高（图 1.4）。

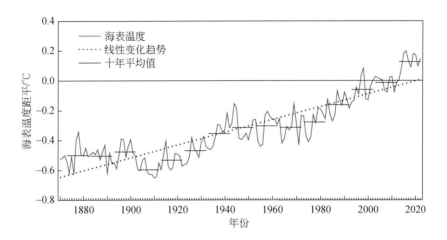

图 1.2　1870~2022 年全球平均海表温度距平

（如无特殊说明，距平值为相对于 1991~2020 年平均值）

数据来源：英国气象局哈德莱中心

Figure 1.2　Global mean sea surface temperature anomalies (SSTA) from 1870 to 2022

(unless otherwise specified, the anomaly value is relative to the 1991-2020 average)

Data source: United Kingdom Met Office Hadley Centre

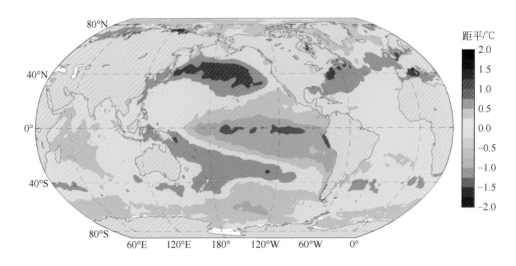

图 1.3　2022 年全球海表温度距平分布

数据来源：英国气象局哈德莱中心

Figure 1.3　Distribution of global annual mean SSTA for 2022

Data source: United Kingdom Met Office Hadley Centre

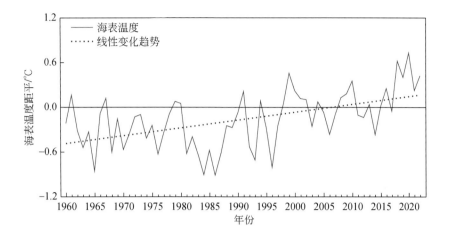

图 1.4　1960~2022 年黑潮延伸体平均海表温度距平

数据来源：英国气象局哈德莱中心

Figure 1.4　Annual mean SSTA in the Kuroshio Extension from 1960 to 2022

Data source: United Kingdom Met Office Hadley Centre

印太暖池（10°S~10°N，50°E~150°E）是热带西太平洋及热带东印度洋常年海表温度在 28℃以上的暖海区，是全球大气对流强烈的区域，也是与中国近海海洋气候环境关系密切的海区之一。1960~2022 年，印太暖池的年平均海表温度总体呈显著上升趋势，上升速率为 0.13℃/10 年，高于全球平均水平（0.08℃/10 年）。2022 年，印太暖池年平均海表温度较常年高约 0.2℃，比 2021 年高约 0.1℃，为 1960 年以来的第六高（图 1.5）。

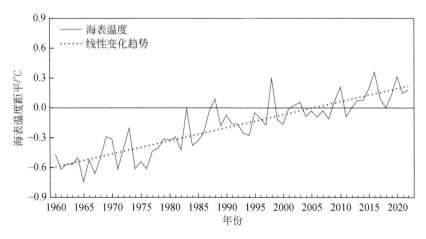

图 1.5　1960~2022 年印太暖池平均海表温度距平

数据来源：英国气象局哈德莱中心

Figure 1.5　Annual mean SSTA in the Indo-Pacific Warm Pool from 1960 to 2022

Data source: United Kingdom Met Office Hadley Centre

1.3 海洋热含量

在全球变暖的过程中，地球气候系统增加的热量绝大部分会被海洋吸收和储存。自1970年以来，全球海洋上层700米持续增温，1971~2018年全球海洋热含量变化速率为5.14×10^{21}焦/年，1993~2018年变化速率为6.06×10^{21}焦/年（IPCC，2021）。

1955~2022年，0~700米和0~2000米全球海洋热含量呈显著增加趋势，增加速率分别为3.8×10^{22}~3.9×10^{22}焦/10年和5.7×10^{22}~6.1×10^{22}焦/10年。1985~2022年，全球海洋变暖加速，0~700米和0~2000米海洋热含量增加速率分别为5.5×10^{22}~6.2×10^{22}焦/10年和9.0×10^{22}~9.1×10^{22}焦/10年。2013~2022年是有现代海洋观测以来全球海洋最暖的10个年份（Cheng et al.，2023）。2022年，全球海洋热含量比2021年增加1.0×10^{22}~1.3×10^{22}焦（0~700米）和1.1×10^{22}~1.7×10^{22}焦（0~2000米），均创历史新高（图1.6）。

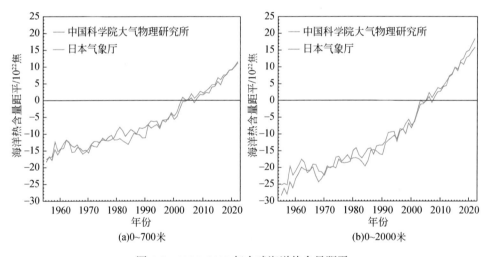

图1.6　1955~2022年全球海洋热含量距平

Figure 1.6　Global ocean heat content (OHC) anomalies from 1955 to 2022

(a) upper 700 m and (b) upper 2000 m

2022年，0~700米和0~2000米全球海洋热含量变化区域特征均显著且分布相似。与常年相比，全球大部分海域变暖，西太平洋（30°S~50°N）、南大洋（30°S以南）和北大西洋大部海洋热含量偏高明显，其中西热带太平洋局部海域热含量距平在0~700米和0~2000米均超过3.2×10^9焦/米^2，湾流局部海域热含量距平在0~2000米达到4×10^9焦/米^2（图1.7）。

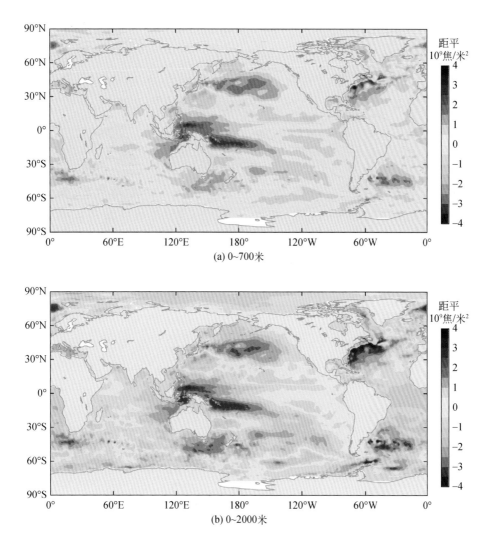

(a) 0~700米

(b) 0~2000米

图 1.7　2022 年全球海洋热含量距平分布

数据来源：中国科学院大气物理研究所

Figure 1.7　Distribution of global OHC anomalies for 2022

(a) upper 700 m and (b) upper 2000 m

Data source: Institute of Atmospheric Physics, Chinese Academy of Sciences

1.4　海　平　面

全球海平面上升主要是由气候变暖导致的海洋热膨胀、陆地冰川和极地冰盖融化、陆地水储量变化等因素造成的。1901~2018 年，全球平均海平面上升了约 0.20 米；

1971~2018 年上升速率为 2.3 毫米 / 年；2006~2018 年上升速率为 3.7 毫米 / 年，其中陆地冰（冰川和冰盖）贡献率达 44.8%。未来海平面仍将继续上升，并在百年至千年尺度上不可逆转（IPCC，2021）。

1993~2022 年，全球平均海平面上升速率约为 3.4 毫米 / 年（图 1.8），区域特征明显。南半球海平面上升速率总体高于北半球，太平洋西部海平面上升速率总体高于东部。赤道太平洋西部、北太平洋西北部、南太平洋中纬度大部、南大西洋南部、马达加斯加至澳大利亚海域海平面上升速率较高，达 4~8 毫米 / 年；热带和亚热带的东太平洋及大西洋海域总体上升速率较小，仅为 0~2 毫米 / 年；南太平洋中高纬度局部海域海平面呈明显下降趋势，下降速率为 2~4 毫米 / 年。

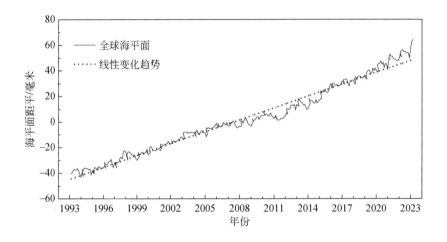

图 1.8　1993~2022 年全球平均海平面变化

Figure 1.8　Global mean sea level change from 1993 to 2022

2022 年，全球平均海平面较 2021 年高约 6.0 毫米，处于有卫星观测记录以来的最高位。印太暖池、东北太平洋海域海平面明显偏高约 10~20 毫米，北赤道太平洋东部、北冰洋、南大洋局部海域海平面偏低；受中尺度涡的影响，黑潮延伸体、湾流、南极绕极流海域存在局部海平面异常偏高或偏低的现象（图 1.9）。与 2021 年相比，印太暖池偏高、北赤道太平洋东部偏低特征进一步增强。1993~2022 年，黑潮延伸体平均海平面总体呈显著上升趋势，上升速率为 6.9 毫米 / 年，明显高于同期全球平均水平，2022 年较 2021 年低 44 毫米，达到有卫星观测记录以来的第二高［图 1.10（a）］。

1993~2022 年，热带西太平洋暖池（简称西太暖池）（10°S~10°N，130°E~180°）平均海平面呈波动上升趋势，上升速率为 4.9 毫米 / 年，明显高于同期全球平均水平，2022 年达到有卫星观测记录以来的最高值［图 1.10（b）］。

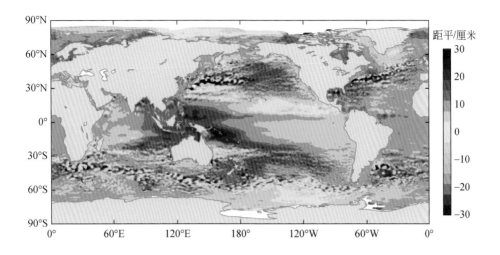

图 1.9　2022 年全球海平面距平分布（相对于 1993~2011 年平均值）

Figure 1.9　Distribution of global mean sea level anomalies for 2022
(relative to 1993-2011 average)

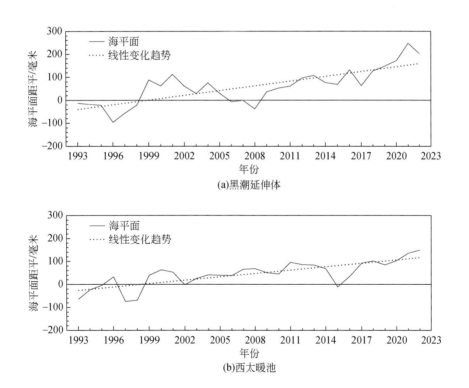

图 1.10　1993~2022 年海平面距平变化（相对于 1993~2011 年平均值）

Figure 1.10　Annual mean sea level anomalies in the (a) Kuroshio Extension and (b) Western Pacific Warm Pool
from 1993 to 2022 (relative to 1993-2011 average)

1.5　海　冰

海冰是冰冻圈的重要组成部分，其反照率高，对海洋与大气之间的热量和水汽交换有抑制作用，并为多种生物提供栖息地。海冰消融通过调整高纬度地区海洋大气的热量收支和大气环流，进而影响高寒地区生态系统、海岸线稳定性和人居环境，并通过遥相关与复杂的反馈过程影响中、低纬地区的天气气候系统（Alexander et al.，2004；Wu et al.，2004）。北极海冰范围（海冰密集度≥15%的区域）通常在3月（9月）达到年度最大值（最小值），南极海冰范围通常在9月（2月）达到年度最大值（最小值）。

（1）北极海冰

1979~2022年，北极海冰范围在各月均呈减小趋势，减小速率存在明显季节差异。9月（夏季）北极海冰范围的减小速率最大，年变化量约为7.9万平方千米；3月（冬季）海冰范围的减小速率最小，年变化量约为3.9万平方千米。2022年，9月北极海冰范围为490万平方千米，较常年同期小68万平方千米；3月北极海冰范围为1459万平方千米，较常年同期小44万平方千米（图1.11）。海冰最小范围出现在9月18日，为467万平方千米；海冰最大范围出现在2月25日，为1488万平方千米。

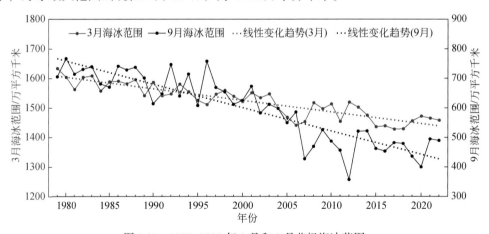

图1.11　1979~2022年3月和9月北极海冰范围
数据来源：美国国家冰雪数据中心（NSIDC）
Figure 1.11　The Arctic sea ice extent in March and September from 1979 to 2022
Data source: US National Snow and Ice Data Center

（2）南极海冰

1979~2022年，南极海冰范围变化趋势总体不显著，但阶段性特征明显。

1979~2014 年，南极海冰范围波动上升，2014~2017 年，海冰范围逐年减小明显。2022 年，2 月南极海冰范围为 221 万平方千米，较常年同期小 88 万平方千米，海冰最小范围出现在 2 月 25 日，为 192 万平方千米，两者均为有观测记录以来的最小值；9 月南极海冰范围为 1806 万平方千米，较常年同期小 55 万平方千米，海冰最大范围出现在 9 月 16 日，为 1819 万平方千米（图 1.12）。

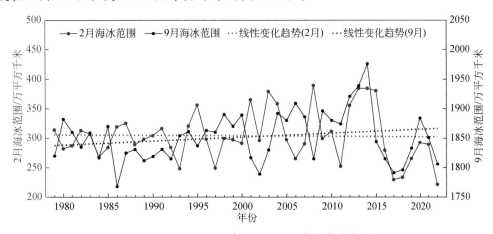

图 1.12　1979~2022 年 2 月和 9 月南极海冰范围
数据来源：美国国家冰雪数据中心（NSIDC）
Figure 1.12　The Antarctic sea ice extent in February and September from 1979 to 2022
Data source: US National Snow and Ice Data Center

1.6　海　洋　环　流

海洋环流是地球物质和能量再分配的主要动力过程，对海洋环境和气候系统具有重要作用。随着气候变暖持续，2004~2017 年，大西洋经向翻转环流（AMOC）较工业化前水平相比呈现减弱趋势，且预估会在 21 世纪继续减弱，受风应力变化等影响，许多海洋环流也将发生改变（IPCC，2021）。

与 1993~2020 年平均值相比，2022 年赤道太平洋（5°S~5°N）表层纬向流距平以西向为主，平均约为 16 厘米 / 秒（140°E~100°W），其中最大流速距平约为 35 厘米 / 秒（140°E~170°W）。该形态与贯穿 2022 年的拉尼娜事件和赤道西太平洋信风增强有关（Blunden et al.，2023）。西向流速距平主要分布在北赤道逆流（NECC）西部与南赤道流北支（SECn）内，意味着向东 NECC 的减弱和向西 SECn 的增强。赤道太平洋（6.5°N~9°N）表层纬向流距平以东向为主，平均约为 10 厘米 / 秒（160°E~90°W），其中最大流速距平约为 15 厘米 / 秒（110°W~160°W）（图 1.13）。该形态下，NECC 中心由 6.5°N 北移至 8°N，峰值流速强度从 35 厘米 / 秒增加至 45 厘米 / 秒。

赤道大西洋表层纬向流距平的纬向分布范围与太平洋基本一致，东、西方向距平值均稍弱于太平洋，约为8~10厘米/秒。赤道印度洋附近海域（5°N~10°S）表层纬向流距平以东向为主，约为9厘米/秒（图1.13）。

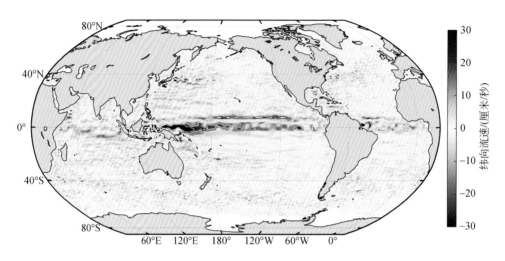

图1.13　2022年表层纬向流速距平（相对于1993~2020年），其中±10、±20、±30厘米/秒流速距平用白色等值线标出

数据来源：美国地球与空间研究所

Figure 1.13　Annually averaged surface zonal current anomalies for 2022 (relative to 1993-2020). White contours indicate the current anomalies of ±10, ±20, ±30cm/s.

Data source: Earth and Space Research

1.7　海洋酸化

近40年来，人为二氧化碳排放是开阔大洋表层酸化的主要原因（IPCC，2021）。海洋每年约吸收人为二氧化碳排放的25%，在减缓气候变化的同时，pH不断降低（WMO，2023）。海洋酸化已经由海洋表层扩大到海洋内部，3000米深层水中已经观测到酸化现象（Perez et al.，2018）。海洋酸化影响生物和生态系统服务功能，还危及渔业和水产养殖，进而威胁食物安全，极地区域受到的影响尤为显著（IPCC，2021）。

1750~2018年，全球70%洋盆中表层海水pH均不同程度下降，平均下降速率为（0.018±0.004）/10年（Blunden and Arndt，2020）。1985~2021年，全球平均表层海水pH呈明显下降趋势，平均每10年下降0.017个pH单位（图1.14），在开阔大洋区域，北太平洋中部、北大西洋东部、印度洋、南大洋中部海域pH下降较为明显，其中赤道太平洋东部局部海域下降速率最大为每10年0.024个pH单位；低纬度南太平洋西部、东部，以及低纬度南大西洋局部海域 pH 下降速率为每 10 年约 0.012~0.014 个 pH 单位（图 1.15）。

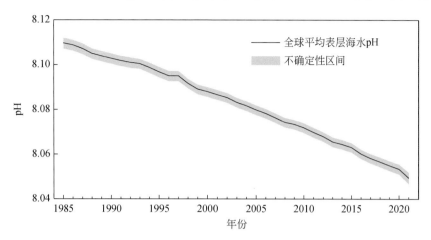

图 1.14　1985~2021 年全球平均表层海水 pH 变化

图中浅色表示不确定性区间

数据来源：哥白尼海洋环境监测中心（CMEMS）

Figure 1.14　Variation of global mean surface ocean pH from 1985 to 2021

The shaded area indicates the estimated uncertainty

Data source: Copernicus Marine Environment Monitoring Service

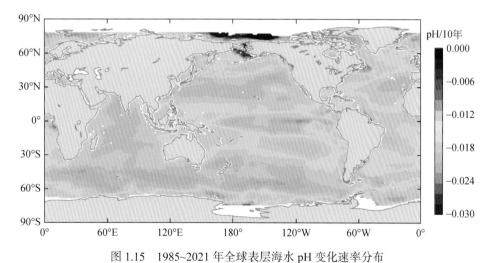

图 1.15　1985~2021 年全球表层海水 pH 变化速率分布

Figure 1.15　Distribution of global surface ocean pH trend from 1985 to 2021

1.8　溶　解　氧

溶解氧对海洋生态系统至关重要，既是各类海洋生物生长繁殖的基本需要，也影响着海洋中碳、氮、磷等元素的生物地球化学循环。20 世纪中叶以来，全球许多海域观测到溶解氧含量降低，低氧区面积扩大了数百万平方公里（Zhou et al.，2022），其中太平洋和南大洋溶解氧含量降低趋势尤其显著（IPCC，2021）。气候变化是海洋溶解氧含量降低的主要原因（Breitburg et al.，2018），溶解氧含量变化的区域差异受自然气候变率、海洋环流、陆源营养盐输入和大气沉降等因素的影响（Ito et al.，2016；Levin，2018）。

1970~2010 年，开阔海洋（0~1000 米）溶解氧含量降低了约 2%（0.5%~3.3%），上层海洋（0~100 米）和温跃层（100~600 米）溶解氧含量分别降低 0.2%~2.1% 和 0.7%~3.5%，大洋最小含氧带面积扩大了 3%~8%（Schmidtko et al.，2017；Bindoff et al.，2019）。2004~2022 年开阔海洋（0~1000 米）溶解氧含量降低了 0.7%，即每十年下降 1.12 微摩尔 / 千克（Sharp et al.，2023）。大多数海域都经历了低氧区的显著扩张，尤其是北太平洋地区（Zhou et al.，2022）。与开阔大洋相比，近岸缺氧面临着气候变化和人类活动的双重压力。1950 年以来，近岸海域低氧区（溶解氧含量低于 2 毫克 / 升）数量超过 500 个，90% 以上为新增区域，永久性低氧区也在不断增加（Breitburg et al.，2018）。

1.9 叶 绿 素

叶绿素 a 是海洋浮游植物进行光合作用的主要色素，其浓度是表征浮游植物现存量的重要指标。海洋浮游植物在全球尺度上影响着海洋碳循环，它们尽管只占地球生物圈初级生产者生物量的 0.2%，却提供了地球近 50% 的初级生产量，满足了海洋生态系统的能量需求，并为深海固碳提供了关键途径（Behrenfeld et al.，2006；Siegel et al.，2013）。全球叶绿素 a 浓度在中低纬度海域较低，高纬度海域较高，1998~2018 年，全球大部分海域叶绿素 a 浓度无明显趋势性变化，南北极部分海域年增幅超过 3%，热带、亚热带和温带部分海域年变化幅度在 –3%~3%（IPCC，2021）。

1998~2022 年，永久性层化海域叶绿素 a 浓度平均值为 0.136 毫克 / 米^3。与 2002 年 10 月至 2021 年 9 月平均值相比，2021 年 10 月至 2022 年 9 月，叶绿素 a 浓度空间分布特征明显。叶绿素 a 浓度沿南太平洋冷水舌边缘升高（+50%），一直延伸到赤道太平洋。在赤道印度洋区域（+50%）、北大西洋和南大西洋部分区域、近极区和极区大部分区域叶绿素 a 浓度也上升明显。北太平洋和南太平洋大部分区域叶绿素 a 浓度下降明显。该分布特征与拉尼娜过程相关（Blunden et al.，2023）。

第2章 中国海洋状况

在全球变暖背景下，中国近海海洋发生了显著变化。近40年来，中国近海海温和气温明显升高、海平面加速上升，且变化速率均高于全球同期平均水平；海冰冰量显著减少、近岸海域表层海水总体呈酸化趋势，极端海洋气候事件强度加大，同时黄海冷水团和黑潮等典型海洋现象均发生不同程度的变化。观测到的这些气候变化关键指标的变化对沿海自然生态环境和人类经济社会可持续发展造成较大影响。

2.1 海洋要素

2.1.1 海表温度

（1）沿海海表温度

1980~2022年，中国沿海海表温度呈显著波动上升趋势，上升速率为0.28℃/10年，2011年之后升温趋势尤其显著，2015~2022年连续8年处于高位；其中东海沿海海表温度上升速率最高，为0.31℃/10年；渤海沿海海表温度上升速率最低，为0.24℃/10年（图2.1）。

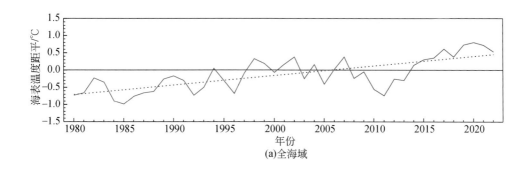
(a)全海域

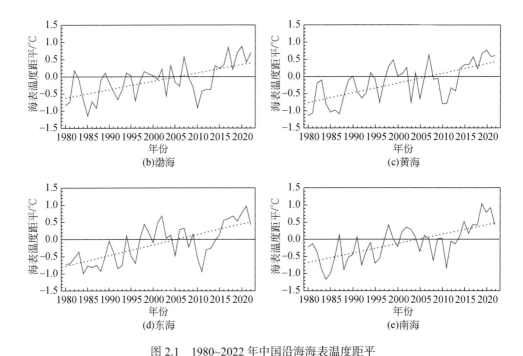

图 2.1   1980~2022 年中国沿海海表温度距平

点线为线性变化趋势线，下同

Figure 2.1   SSTA along the China coast from 1980 to 2022

(a) the China sea, (b) the Bohai Sea, (c) the Yellow Sea, (d) the East China Sea (ECS) and (e) the South China Sea (SCS)

Dotted line stands for the linear trend, the same below

2022 年，与常年相比，中国沿海海表温度总体高约 0.54℃，为 1980 年以来第五高；渤海和黄海沿海分别高 0.70℃和 0.61℃，均为 1980 年以来第四高；与 2021 年相比，中国沿海海表温度下降 0.19℃，渤海沿海海表温度上升明显，升幅为 0.27℃，东海沿海海表温度下降 0.54℃（图 2.2）。

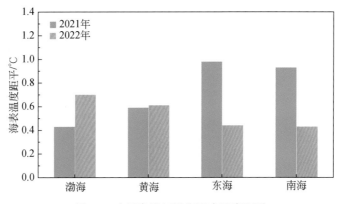

图 2.2   中国各海区沿海海表温度距平

Figure 2.2   SSTA along the each sea coastal regions of China

1960~2022 年，北隍城站、连云港站、坎门站和闸坡站海表温度均呈显著上升趋势，升温速率分别为 0.10℃ /10 年、0.23℃ /10 年、0.18℃ /10 年和 0.19℃ /10 年。2022 年，连云港站和北隍城站海表温度较常年分别高 1.00℃和 0.88℃，分别为有完整观测记录以来最高和第二高，坎门站和闸坡站较常年分别高 0.39℃和 0.32℃（图 2.3）。

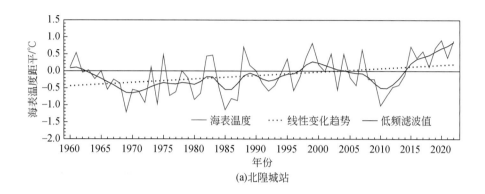

(a)北隍城站

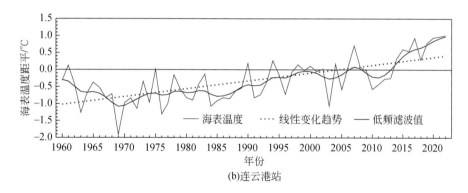

(b)连云港站

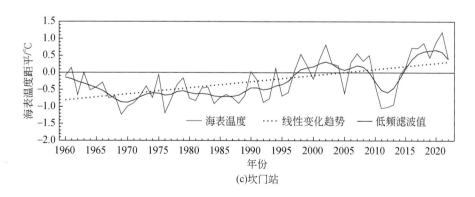

(c)坎门站

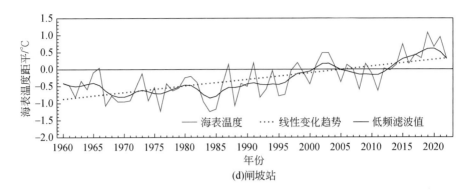

(d)闸坡站

图 2.3　1960~2022 年中国沿海代表站海表温度距平

黑线为低频滤波值曲线，即去除 10 年以下时间尺度变化的年代际波动，下同

Figure 2.3　SSTA at the representative marine stations along the China coast from 1960 to 2022

(a) Beihuangcheng, (b) Lianyungang, (c) Kanmen and (d) Zhapo

The black line indicates the low-frequency filtered curve obtained by removing the inter-annual changes under 10 years, the same below

　　2022 年，中国沿海海表温度月际波动较大，区域差异明显。与常年同期相比，中国沿海 7 月和 11 月海表温度分别高 0.97℃和 1.27℃，均为 1980 年以来同期最高，1 月海表温度高 1.22℃，为 1980 年以来同期第三高；另外，渤海沿海 6 月和黄海沿海 11 月海表温度分别高 1.05℃和 1.43℃，均为 1980 年以来同期最高；渤海沿海 7 月和 11 月海表温度分别高 1.52℃和 2.08℃，均为 1980 年以来同期第二高；黄海沿海 4 月和 7 月海表温度分别高 1.22℃和 1.42℃，均为 1980 年以来同期第二高（图 2.4）。

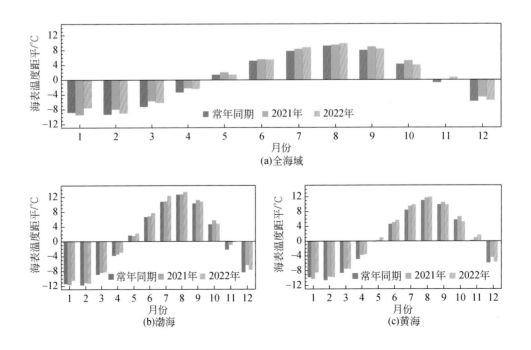

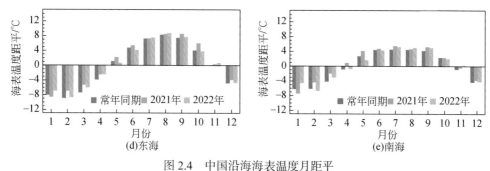

图 2.4　中国沿海海表温度月距平

Figure 2.4　Monthly SSTA along the China coast

(a) the China sea, (b) the Bohai Sea, (c) the Yellow Sea, (d) the ECS and (e) the SCS

（2）近海海表温度

1982~2022 年，中国近海海表温度呈波动上升趋势，上升速率为 0.20℃ /10 年。海表温度长期变化趋势的区域特征明显，其中，渤海海表温度上升速率为 0.25℃ /10 年；黄海为 0.20℃ /10 年；东海为 0.23℃ /10 年；南海为 0.19℃ /10 年（图 2.5）。

2022 年，中国近海海表温度总体较常年高 0.43℃，为 1982 年以来第二暖年。2022 年中国近海海表温度季节和区域差异明显，与常年同期相比，冬季，中国近海大部海域海表温度偏高；春季，渤海和黄海海域海表温度总体偏高，南海北部海域海表温度偏低，其中长江口附近海域偏高达 1.0℃；夏季，中国近海大部海表温度偏高，其中黄海中部海域海表温度偏高达 1.0℃以上；秋季，东海大部和南海海表温度偏高，黄海东部海域海表温度偏低（图 2.6）。

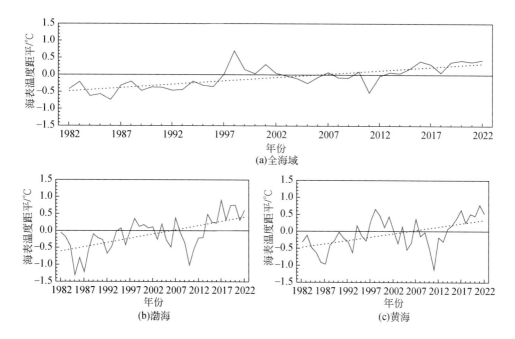

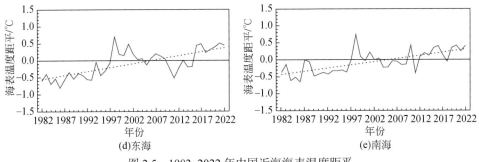

图 2.5　1982~2022 年中国近海海表温度距平

Figure 2.5　SSTA in the China offshore from 1982 to 2022

(a) the China sea, (b) the Bohai Sea, (c) the Yellow Sea, (d) the ECS and (e) the SCS

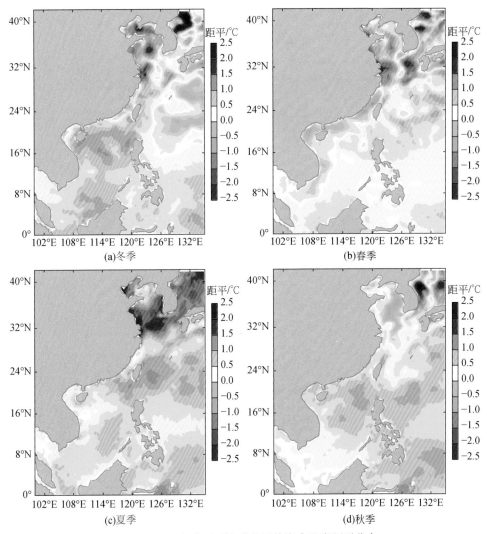

图 2.6　2022 年中国近海季节平均海表温度距平分布

Figure 2.6　Distribution of seasonal mean SSTA in the China offshore for 2022

(a) winter, (b) spring, (c) summer and (d) autumn

2.1.2　海表盐度

自 20 世纪 50 年代以来，海表盐度变化表现为蒸发强于降水的副热带海域海水变得更咸，而降水强于蒸发的热带和高纬度海域海水变得更淡。具体到海盆而言，大西洋变得更咸，而太平洋和南大洋变得更淡（IPCC，2021）。在全球气候变暖背景下，盐度变化指示了大尺度水循环和环流的变化，受蒸发、降水、大陆径流、沿岸流以及黑潮等过程的影响，中国近海盐度对气候变化的响应时空特征显著。

1980~2022 年，中国沿海海表盐度下降速率为 0.14/10 年；黄海沿海海表盐度呈下降趋势，下降速率为 0.40/10 年；渤海、东海和南海沿海海表盐度无明显线性变化趋势（图 2.7）。

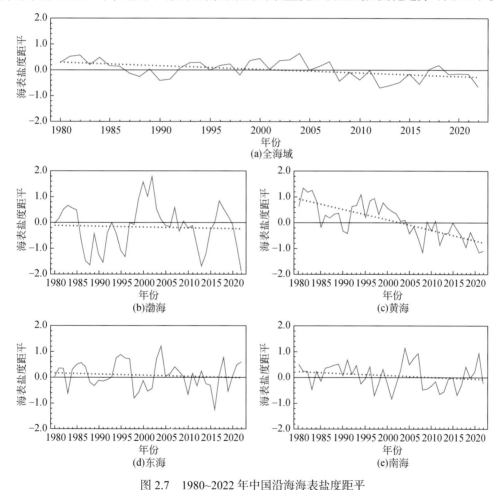

图 2.7　1980~2022 年中国沿海海表盐度距平

Figure 2.7　Sea surface salinity anomalies (SSSA) along the China coast from 1980 to 2022

(a) the China sea, (b) the Bohai Sea, (c) the Yellow Sea, (d) the ECS and (e) the SCS

2022 年，中国沿海海表盐度较常年低 0.66，为 1980 年以来第二低，其中渤海、黄海和南海沿海较常年分别低 1.88、1.10 和 0.23，东海沿海较常年分别高 0.59；与 2021 年相比，中国沿海海表盐度下降 0.50，其中渤海和南海沿海分别下降 0.98 和 1.17，黄海和东海沿海分别上升 0.06 和 0.11（图 2.8）。

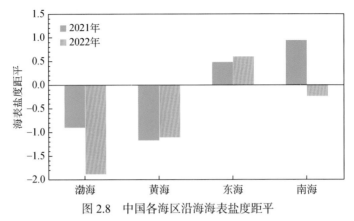

图 2.8　中国各海区沿海海表盐度距平

Figure 2.8　SSSA along the each sea coastal regions of China

　　2022 年，中国沿海海表盐度月际波动较大，区域差异明显。与常年同期相比，中国沿海 2 月、3 月、6 月和 7 月海表盐度分别低 1.11、1.21、1.12 和 1.40，均为 1980 年以来同期最低；渤海沿海 1 月至 4 月和 7 月海表盐度分别低 1.77、1.89、1.93、1.84 和 2.27，均为 1980 年以来同期最低；黄海沿海 1 月、2 月和 7 月海表盐度较常年同期分别低 1.50、1.43 和 3.00，均为 1980 年以来同期最低；东海沿海 8 月、11 月和 12 月海表盐度分别高 1.45、2.10 和 1.79，为 1980 年以来同期第二高、第二高和最高；南海沿海 3 月海表盐度较常年同期低 1.47，为 1980 年以来同期第二低（图 2.9）。

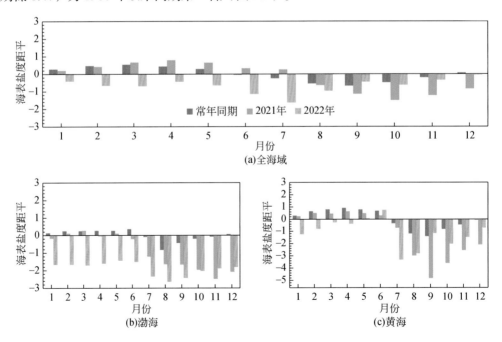

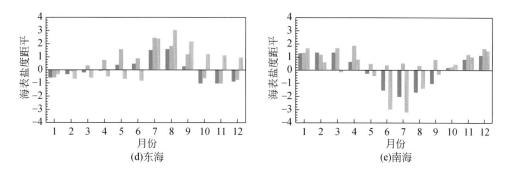

图 2.9　中国沿海海表盐度月距平

Figure 2.9　Monthly SSSA along the China coast

(a) the China sea, (b)the Bohai Sea, (c) the Yellow Sea, (d) the ECS and (e) the SCS

2.1.3　潮位

受全球气候变化和周边海域环境改变的影响，1980 年以来，中国沿海平均高高潮位和平均低低潮位总体均呈上升趋势，平均大的潮差总体呈增大趋势，并具有明显的区域特征。

（1）平均高高潮位

1980~2022 年，中国沿海平均高高潮位总体呈明显上升趋势，上升速率为 4.6 毫米 / 年，其中杭州湾沿海上升速率最大，为 12.2 毫米 / 年；山东南部和江苏沿海次之，为 6.5~8.8 毫米 / 年；珠江口、广西和海南西部沿海上升速率较小，为 1.4~2.3 毫米 / 年。南海沿海平均高高潮位均达近 40 年来最高位，与 1993~2011 年平均值相比，2022 年中国沿海平均高高潮位总体高 9 厘米，其中杭州湾沿海平均高高潮位升幅最大，为 31 厘米；辽东湾西北部、山东半岛北部和江苏南部沿海次之，升幅为 14~18 厘米；浙江中部、福建南部、广东西部和海南西部沿海升幅较小，为 4~5 厘米（图 2.10 和图 2.11）。

（2）平均低低潮位

1980~2022 年，中国沿海平均低低潮位总体呈上升趋势，上升速率为 2.6 毫米 / 年，其中天津沿海上升速率最大，为 8.1 毫米 / 年；山东龙口沿海次之，为 7.9 毫米 / 年；杭州湾沿海呈下降趋势，下降速率为 1.7 毫米 / 年。与 1993~2011 年平均值相比，2022 年中国沿海平均低低潮位变化区域特征明显，其中山东半岛北部沿海升幅最大，为 15 厘米；河北北部和天津沿海升幅也较大，为 10~12 厘米；杭州湾与长江口东南部沿海下降明显，降幅为 2~3 厘米（图 2.12 和图 2.13）。

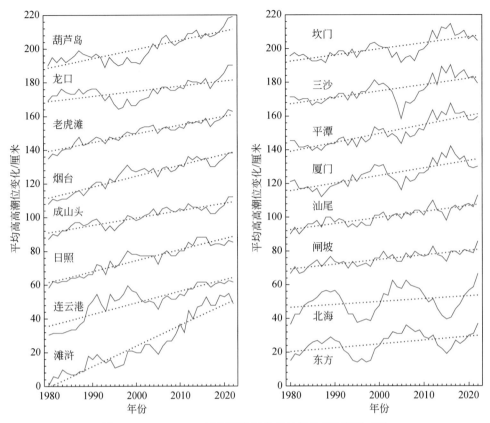

图 2.10　1980~2022 年中国沿海代表站平均高高潮位变化

Figure 2.10　Variations of mean higher high tide level at representative tide gauge stations along the China coast from 1980 to 2022

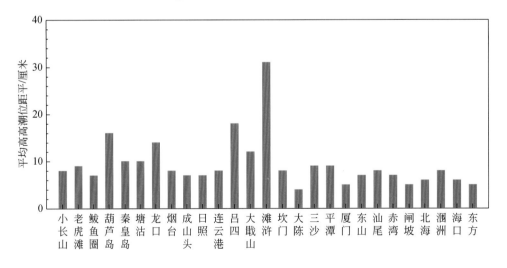

图 2.11　2022 年中国沿海代表站平均高高潮位距平（相对于 1993~2011 年平均值）

Figure 2.11　Mean higher high tide level anomalies at representative tide gauge stations along the China coast for 2022 (relative to 1993-2011 average)

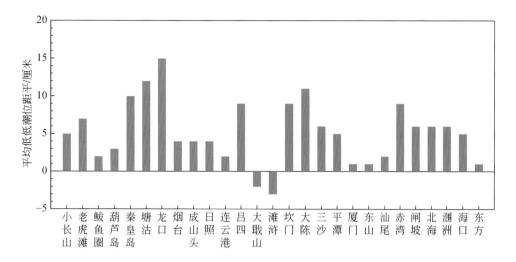

图 2.12　2022 年中国沿海代表站平均低低潮位距平（相对于 1993~2011 年平均值）

Figure 2.12　Mean lower low tide level anomalies at representative tide gauge stations
along the China coast for 2022 (relative to 1993-2011 average)

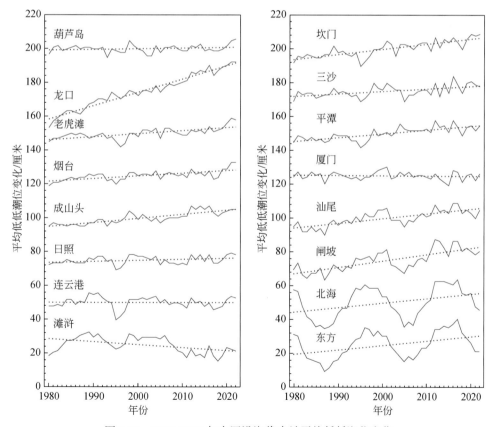

图 2.13　1980~2022 年中国沿海代表站平均低低潮位变化

Figure 2.13　Variations of mean lower low tide level at representative tide gauge stations
along the China coast from 1980 to 2022

（3）平均大的潮差

1980~2022 年，中国沿海平均大的潮差总体呈增大趋势，增速为 2.0 毫米 / 年。杭州湾沿海平均大的潮差增大速率最大，为 13.9 毫米 / 年；山东南部至江苏北部沿海次之，为 5.8~6.8 毫米 / 年；山东龙口和天津沿海减小速率较大，分别为 4.9 毫米 / 年和 4.1 毫米 / 年；南海沿海平均大的潮差多呈微弱减小趋势。与 1993~2011 年平均值相比，2022 年中国沿海平均大的潮差总体大 4 厘米，其中杭州湾沿海平均大的潮差增幅最大，为 34 厘米；长江口东南部和辽东湾西北部沿海增幅也较大，分别为 14 厘米和 13 厘米；浙江中部和珠江口沿海减小幅度较大，为 2~6 厘米（图 2.14 和图 2.15）。

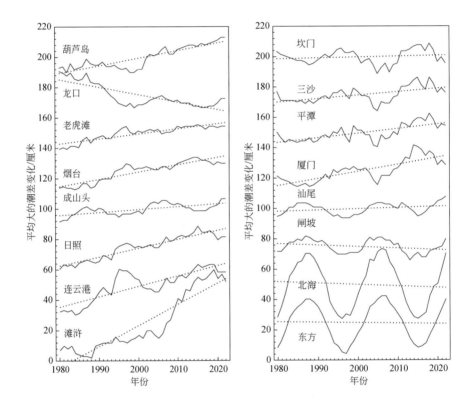

图 2.14　1980~2022 年中国沿海代表站平均大的潮差变化

Figure 2.14　Variations of mean great tidal range at representative tide gauge stations along the China coast from 1980 to 2022

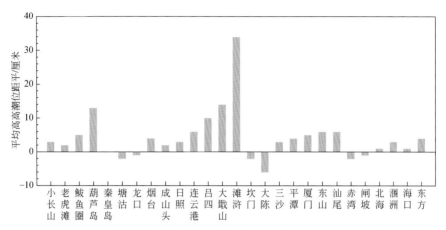

图 2.15　2022 年中国沿海代表站平均大的潮差距平（相对于 1993~2011 年平均值）

Figure 2.15　Mean great tidal range anomalies at representative tide gauge stations along the China coast for 2022 (relative to 1993-2011 average)

2.1.4　海平面

（1）沿海海平面

1980~2022 年，中国沿海海平面呈波动上升趋势，上升速率为 3.5 毫米 / 年，且呈现加速上升的特征，加速度为 0.03（毫米 / 年）/ 年。从 10 年平均来看，1983~1992 年平均海平面处于近 40 年最低位；2013~2022 年平均海平面处于近 40 年最高位，比 1983~1992 年平均海平面高 105 毫米。2022 年，中国沿海海平面较 1993~2011 平均值高 94 毫米，为 1980 年以来最高（图 2.16）。

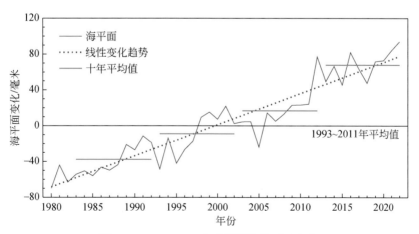

图 2.16　1980~2022 年中国沿海海平面变化

（相对 1993~2011 平均值）

Figure 2.16　Sea level change along the China coast from 1980 to 2022 (relative to 1993-2011 average)

2022 年，中国沿海海平面变化区域特征明显。莱州湾、珠江口沿海海平面均达 1980 年以来最高，较常年分别高 108 毫米和 138 毫米。与 2021 年相比，中国沿海海平面以长江口和台湾海峡北部平潭为分界点，总体呈现北部持平、中部下降、南部上升的特点，南部沿海总体升幅约 44 毫米（图 2.17）。

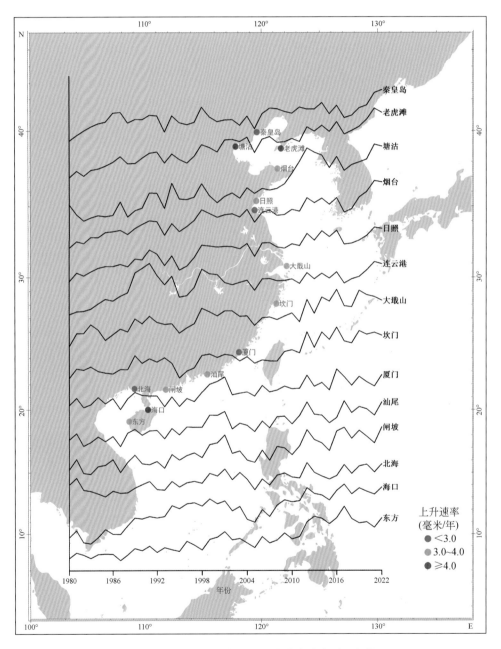

图 2.17　1980~2022 年中国沿海代表站海平面变化

Figure 2.17　Sea level changes at representative tide gauge stations along the China coast from 1980 to 2022

2022 年，中国沿海各月海平面变化波动较大。1 月、3 月和 9 月中国沿海、2 月长江口以南、6 月杭州湾以北，以及 11 月长江口以北沿海海平面均为 1980 年以来同期最高，8 月长江口至台湾海峡沿海海平面为近 10 年同期最低。

中国沿海长期海洋站监测结果表明，近 60 年，葫芦岛站、厦门站和闸坡站沿海海平面均呈上升趋势，且年代际振荡显著，2011 年之后海平面均处于有完整观测记录以来的高位。1960~2022 年，葫芦岛站沿海海平面上升速率为 2.1 毫米 / 年，其中 2022 年海平面较 1993~2011 年平均值高 119 毫米，为 1960 年以来最高；1958~2022 年，厦门站沿海海平面上升速率为 2.1 毫米 / 年，其中 2022 年海平面较 1993~2011 年平均值高约 63 毫米；1959~2022 年，闸坡站沿海海平面上升速率为 2.5 毫米 / 年，其中 2022 年海平面较 1993~2011 年平均值高约 97 毫米（图 2.18）。

（2）近海海平面

中国近海海平面呈明显波动上升趋势。1993~2022 年，中国近海海平面上升速率为 4.0 毫米 / 年，高于同期全球平均水平。1993~1999 年，中国近海海平面上升较快，升幅约 87 毫米；2002~2005 年，海平面持续偏低，其中 2001~2002 年降幅达 41 毫米；2005~2008 年，海平面波动上升明显，升幅约 73 毫米；2012~2015 年，海平面持续下降，降幅约 60 毫米；2015~2017 年海平面持续回升。2022 年中国近海海平面较 2021 年高约 9.0 毫米，为 1993 年以来最高（图 2.19）。

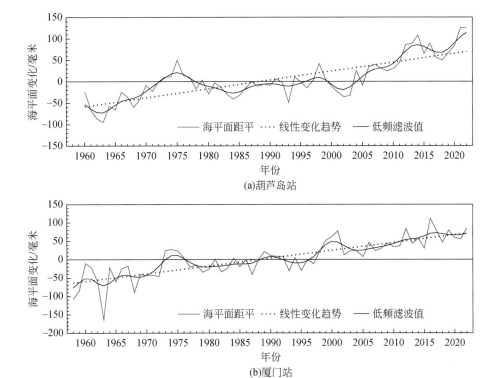

(a)葫芦岛站

(b)厦门站

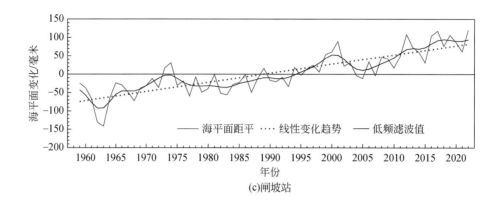

图 2.18　1958~2022 年中国沿海代表站海平面变化（相对于 1993~2011 年平均值）

Figure 2.18　Sea level changes at the representative tide gauge stations along the China coast
from 1958 to 2022（relative to 1993-2011 average）

(a) Huludao, (b) Xiamen and (c) Zhapo

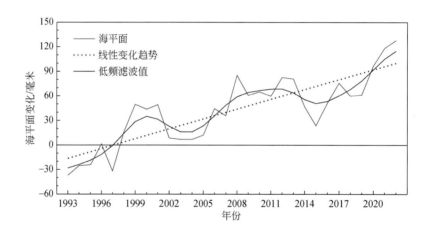

图 2.19　1993~2022 年中国近海海平面变化（相对于 1993~2011 年平均值）

Figure 2.19　Sea level change in the China offshore from 1993 to 2022 (relative to 1993-2011 average)

　　2022 年，中国近海海平面较 1993~2011 年平均值总体高约 105 毫米，且区域差异明显。渤海海平面总体高约 100~120 毫米；黄海和东海海域海平面总体高约 60~110 毫米，其中山东半岛南部偏高明显，约 100~130 毫米；南海北部局部海域偏高约 50~80 毫米，南海中部局部海域海平面偏高明显，超过 150 毫米（图 2.20）。

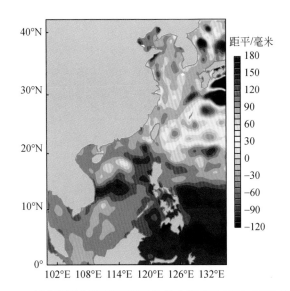

图 2.20　2022 年中国近海海平面距平分布（相对于 1993~2011 年平均值）

Figure 2.20　Distribution of sea level anomalies in the China offshore for 2022
(relative to 1993-2011 average)

2.1.5　海浪

海浪影响着海气界面物质和能量的输运，在上层海洋混合中起着重要的作用。1950~2010 年，中国渤海和黄海有效波高总体呈下降趋势，南海有效波高总体呈上升趋势，东海有效波高的变化趋势不尽一致（刘敏和赵栋梁，2019）。

（1）代表站点海浪

代表站监测结果表明，近几十年，中国沿海极端波高（十分之一大波波高的第 99 百分位数）长期变化趋势存在区域差异。芷锚湾站、大戢山站和南沙站极端波高均呈下降趋势，下降速率分别为 1.4 厘米／年（1963~2022 年）、2.2 厘米／年（1978~2022 年）和 4.1 厘米／年（1991~2022 年），日照站极端波高呈上升趋势，上升速率为 1.3 厘米／年（1961~2022年）（图 2.21）。

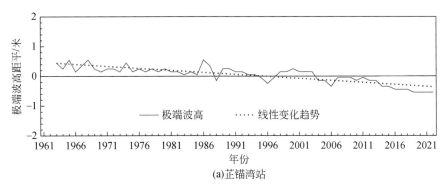

(a) 芷锚湾站

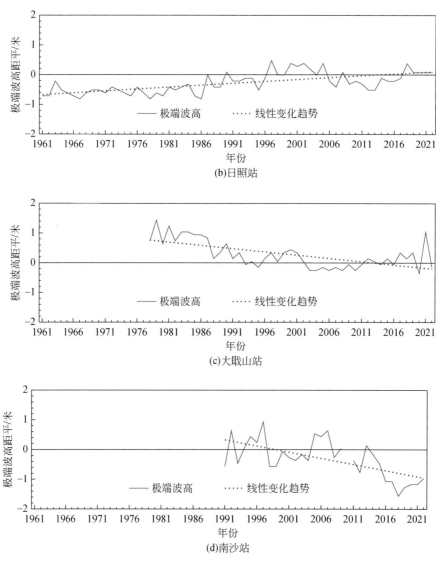

图 2.21　中国沿海代表站极端波高（十分之一大波波高的第 99 百分位数）距平
（相对于 1993~2011 年平均值）

Figure 2.21　Extreme sea wave height (99th percentile of 1/10 large wave height) anomalies
at representative stations along China coast (relative to 1993-2011 average)
(a) Zhimaowan, (b) Rizhao, (c) Dajishan and (d) Nansha

2011~2022 年，渤海中部代表点（39.0°N，120.1°E）有效波高（简称波高，下同）无显著变化趋势，2019~2022 年波高变化幅度较大，2021 年和 2022 年波高总体处于高位。2022 年平均波高较 2021 年减小 0.1 米；黄海北部代表点（38.0°N，123.5°E）波高年际变化不明显，2014~2016 年波高偏低。2022 年平均波高较 2021 年减小 0.1 米。

2009~2022 年，东海西部代表点（29.5°N，124.0°E）波高呈微弱下降趋势，2020~2022 年波高较低是波高总体呈微弱下降趋势的主要原因（图 2.22）。

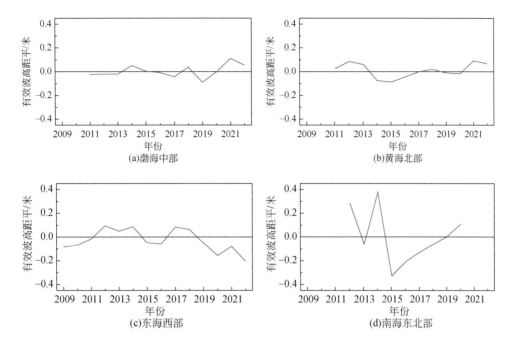

图 2.22　中国近海代表点有效波高距平（相对于 2012~2021 年平均值）

Figure 2.22　Significant wave height anomalies at representative points in the China Offshore

(relative to 2012-2021 average)

(a) the central Bohai Sea, (b) the northern Yellow Sea, (c) the northwestern ECS and (d) the northeastern SCS

与 2012~2021 年同期相比，2022 年渤海中部和黄海北部代表点波高总体高 0.1 米，其中渤海中部代表点 9 月和 10 月波高均增大约 0.2 米，1 月和 11 月均减小约 0.1 米，黄海北部代表点 6 月和 9 月波高均增大 0.3 米，1 月、7 月和 11 月均减小 0.1 米；东海西部代表点 9 月和 12 月波高分别增大 0.3 米和 0.2 米，8 月减小 0.6 米，其余各月均有不同程度的减小（图 2.23）。

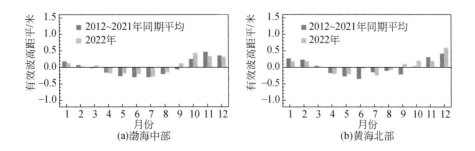

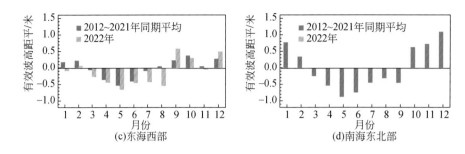

图 2.23　中国近海代表点有效波高月距平（相对于 2012~2021 年平均值）

Figure 2.23　Monthly significant wave height anomalies at representative points in the China Offshore

(relative to 2012-2021 average)

(a) the central Bohai Sea, (b) the northern Yellow Sea, (c) the northwestern ECS and (d) the northeastern SCS

（2）近海海浪

2010~2022 年，中国近海波高在 2021 年和 2010 年分别处于近 13 年来的最高位和最低位，各海区波高变化存在差异，均无明显变化趋势。除渤海外，黄海、东海和南海均在 2010 年处于最低位。与 2021 年相比，2022 年中国近海波高总体减小 0.11 米，其中渤海、黄海、东海和南海波高分别减小 0.06 米、0.13 米、0.11 米和 0.11 米（图 2.24）。

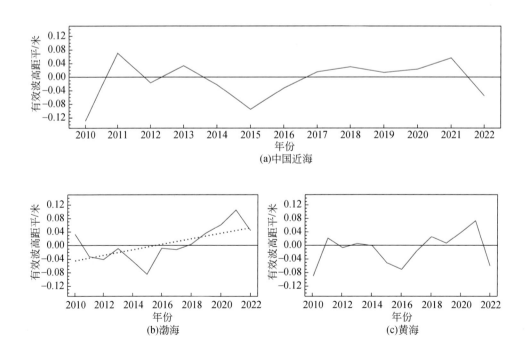

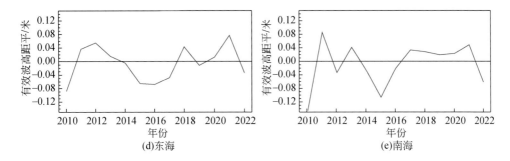

图 2.24 2010~2022 年中国近海有效波高距平（相对于 2012~2021 年平均值）
数据源：哥白尼海洋环境监测中心和法国国家空间研究中心
Figure 2.24 Significant wave height anomalies in the China offshore
from 2010 to 2021 (relative to 2012-2021)
(a) the China Sea, (b) the Bohai Sea, (c) the Yellow Sea, (d) the ECS and (e) the SCS
Data source: Copernicus Marine Environment Monitoring Service (CMEMS) and
Centre National D'Etudes Spatiales（CNES）

2.1.6 海冰

中国海冰主要出现在冬季的渤海和黄海北部海域，其冰情演变过程可分为初冰期、盛冰期和终冰期三个阶段。其中，渤海每年冬季都有结冰现象发生，一般自 11 月下旬至 12 上旬开始，由北向南开始结冰，翌年 3 月中上旬终冰，盛冰期一般出现在 1~2 月，期间海冰冰量最多，冰情最严重。

近年来，渤海和黄海北部沿海年度海冰冰期和冰量均呈波动下降趋势，1963/1964~2022/2023 年，渤海鲅鱼圈站沿海年度海冰冰期和冰量下降速率分别为 1.3 天 / 年和 5.8 成 / 年；渤海葫芦岛站分别为 0.9 天 / 年和 5.3 成 / 年；渤海芷锚湾站分别为 0.7 天 / 年和 5.8 成 / 年；1997/1998~2022/2023 年，黄海北部东港站分别为 1.2 天 / 年和 10.6 成 / 年（图 2.25）。

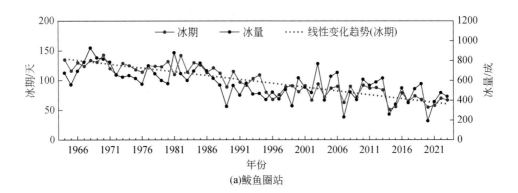

(a)鲅鱼圈站

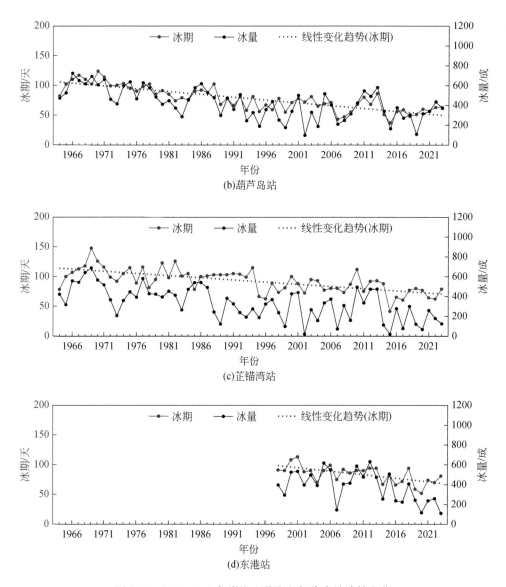

图 2.25　1964~2023 年渤海和黄海北部代表站冰情变化

Figure 2.25　Variations of sea ice condition at representative stations along the coast of the Bohai Sea and Northern Yellow Sea from 1964 to 2023

(a) Bayuquan, (b) Huludao, (c) Zhimaowan and (d) Donggang

　　2022/2023 年，与常年相比，鲅鱼圈站和芷锚湾站海冰冰量分别少 43 成和 126 成，葫芦岛站多 41 成；与 2021/2022 年相比，鲅鱼圈站、葫芦岛站、芷锚湾站和东港站海冰冰量分别减少 38 成、64 成、55 成和 150 成。其中 2 月海冰冰量均较 2021/2022 年同期减少，东港站减少 91 成（图 2.26 和图 2.27）。

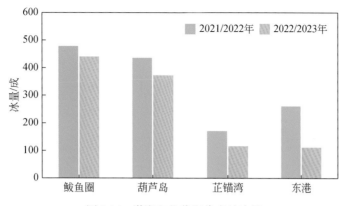

图 2.26　渤海和北黄海代表站冰量

Figure 2.26　Sea ice covers at representative stations along the coast of the Bohai Sea and northern Yellow Sea

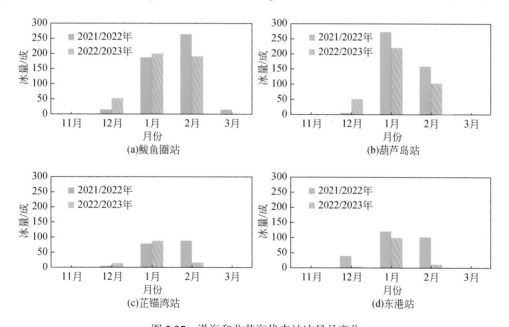

图 2.27　渤海和北黄海代表站冰量月变化

Figure 2.27　Monthly sea ice cover changes at representative stations along the coast of the Bohai Sea and Northern Yellow Sea

(a) Bayuquan, (b) Huludao, (c) Zhimaowan and (d) Donggang

2.1.7　海洋酸化

在全球变化背景下，受局地海洋环境、河流径流和人为活动等共同影响，中国近岸海水表层 pH 发生了明显变化，19 世纪中叶以来，南海海洋 pH 下降了 0.06~0.24；受东亚季风影响，南海 pH 变化存在 0.10~0.20 的年代际振荡（IPCC，2021）。海洋酸化对海水化学特性、海洋生态系统等产生持续影响。

1980~2022 年，中国近岸表层海水 pH 总体呈波动下降趋势，平均每 10 年下降 0.017 个 pH 单位。其中 1998 年中国近岸表层海水 pH 最高，为 8.19；2014 年最低，为 7.99。2022 年，中国近岸表层海水 pH 平均值与 2021 年基本持平（图 2.28）。

1986~2022 年，中国近岸不同纬度表层海水 pH 长期变化如图 2.29 所示。渤海、黄海

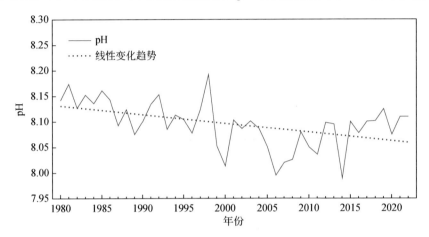

图 2.28　1980~2022 年中国近岸表层海水 pH 变化

Figure 2.28　Variations of sea surface pH over the China nearshore areas from 1980 to 2022

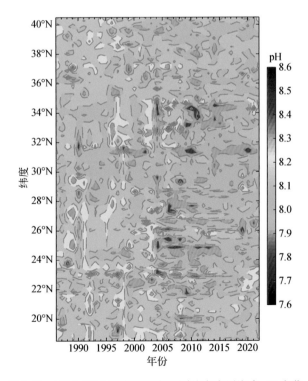

图 2.29　1986~2022 年中国近岸不同纬度表层海水 pH 变化

Figure 2.29　Variations of mean sea surface pH at different latitudes over the China nearshore areas from 1986 to 2022

和东海沿海呈现不同程度的酸化特征，受河口冲淡水、陆架混合水团和黑潮等影响，东海近岸海域表层海水酸化相对较为明显，其中 2022 年长江口至钱塘江口、福建中部近岸海域酸化现象较为明显，渤黄海、南海近岸表层海水 pH 变化不显著。

2.1.8　溶解氧

在全球变暖、陆源营养盐输入、海水养殖等自然和人为活动叠加影响下，缺氧已经成为影响河口 / 近岸生态系统的一种普遍现象。我国低氧区主要分布在长江口和珠江口海域，季节性缺氧现象明显，一般在春季发生，夏季扩张，秋季消退（Wang et al.，2012）。受长江口冲淡水引发的海水层化和藻华影响，长江口夏季缺氧更为显著。狮子洋上游海域（表底层水体）、香港附近海域（底层）和磨刀门 – 黄茅海外海域（底层）为珠江口低氧现象常发区域。

2005~2022 年，长江口海域夏季（7~8 月）溶解氧含量无显著变化，过去 18 年有14 年监测到底层有低氧现象发生（溶解氧最低值低于 2 毫克 / 升）。2022 年夏季，长江口海域平均溶解氧含量相较于 2021 年同期降低 0.07 毫克 / 升，底层溶解氧含量最低值为 0.728 毫克 / 升，有低氧现象发生；珠江口海域未发现低氧现象，底层溶解氧含量低于 2021 年同期，最低值为 3.3 毫克 / 升（图 2.30）。

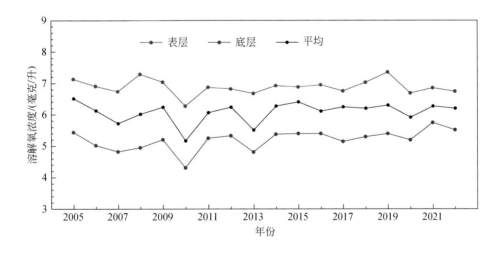

图 2.30　2005~2022 年夏季长江口海域（120°E~124°E，28°N~33°N）溶解氧含量变化

Figure 2.30　Variation of summer dissolved oxygen content at Yangtze Estuary from 2005 to 2022

2.2 气候要素

2.2.1 海面气温

（1）沿海气温

1980~2022 年，中国沿海气温呈波动上升趋势，上升速率为 0.38℃/10 年，自 2014 年以来连续九年处于高位。其中东海沿海气温上升速率最大，为 0.45℃/10 年；渤海和黄海沿海次之，分别为 0.39℃/10 年和 0.36℃/10 年；南海沿海最小，为 0.31℃/10 年（图 2.31）。

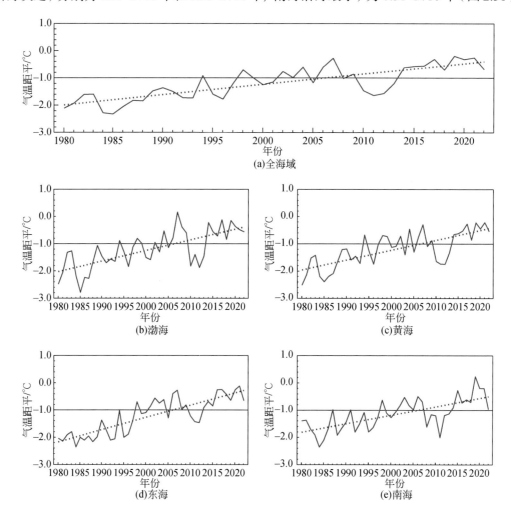

图 2.31　1980~2022 年中国及各海区沿海气温距平

Figure 2.31　Surface air temperature anomalies (SATA) along the China coast from 1980 to 2022

(a) the China sea, (b) the Bohai Sea, (c) the Yellow Sea, (d) the ECS and (e) the SCS

中国沿海长期海洋站监测显示，20 世纪 60 年代以来，北隍城站、连云港站、坎门站和闸坡站气温均呈波动上升趋势。1965~2022 年，北隍城站气温上升速率为 0.32℃ /10年。1961~2022 年，连云港和闸坡站气温上升速率分别为 0.28℃ /10 年和 0.23℃ /10 年。1960~2022 年，坎门站气温上升速率为 0.28℃ /10 年。2022 年，北隍城站、连云港站和坎门站气温较常年分别高 0.27℃、1.00℃和 0.27℃，闸坡站和常年基本持平，连云港站气温与 2019 年并列为有完整观测记录以来最高（图 2.32）。

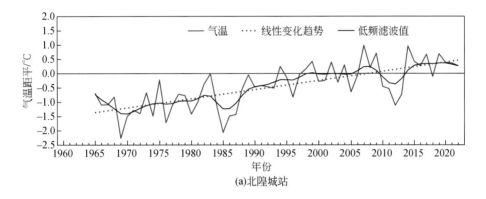

(a)北隍城站

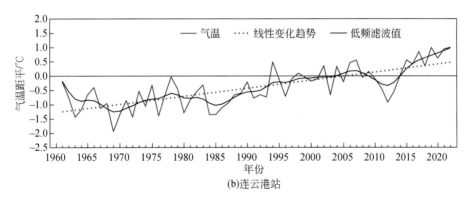

(b)连云港站

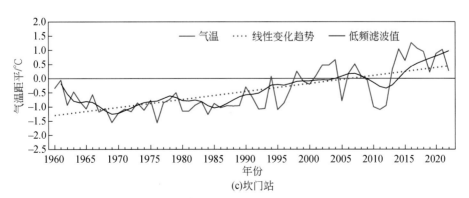

(c)坎门站

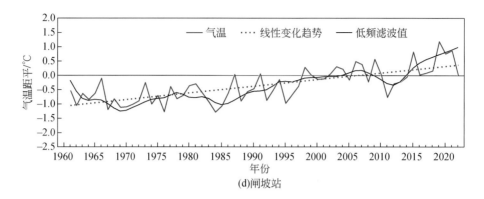

图 2.32　1960~2022 年中国沿海代表站气温距平

Figure 2.32　SATA at the representative marine stations along the China coast from 1960 to 2022

2022 年，中国沿海气温较常年高 0.34℃，比 2021 年低 0.43℃，比近三年略有下降；与常年相比，渤海、黄海和东海沿海气温分别高 0.44℃、0.46℃和 0.35℃，南海略有偏高；与 2021 年相比，各海区沿海气温均下降，其中，南海沿海下降幅度最大为 0.76℃，黄海沿海和东海沿海次之，降幅分别为 0.33℃和 0.54℃，渤海沿海略有下降（图 2.33）。

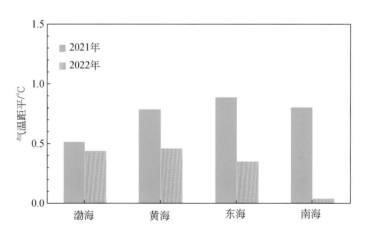

图 2.33　中国各海区沿海气温距平

Figure 2.33　SATA along the each sea coastal regions of China

2022 年，中国沿海气温月际波动较大，区域差异明显。与常年同期相比，2022 年 7 月和 11 月中国沿海气温分别高 0.90℃和 1.91℃，为 1980 年以来同期第二高和最高，12 月低 1.60℃；11 月渤海和黄海沿海分别高 2.34℃和 2.37℃，8 月东海沿海高 1.52℃，1 月和 11 月南海沿海分别高 1.60℃和 1.51℃；2 月和 5 月南海沿海分别低 2.38℃和 1.63℃，12 月渤海沿海、黄海沿海、东海沿海和南海沿海分别低 1.38℃、1.79℃、1.52℃和 1.70℃（图 2.34）。

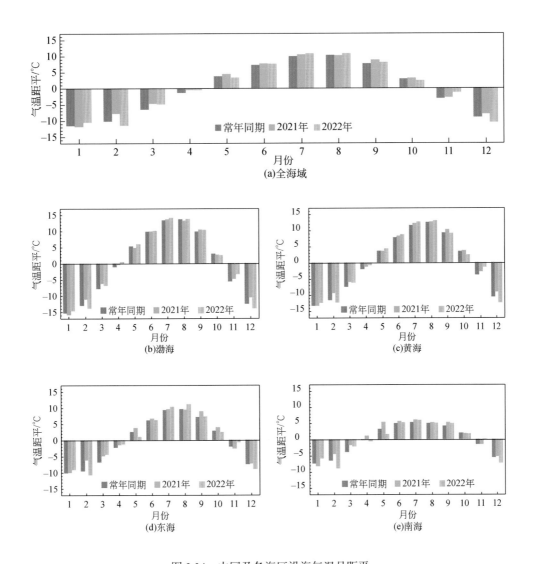

图 2.34　中国及各海区沿海气温月距平

Figure 2.34　Monthly SATA along the China coast

(a) the China sea, (b) the Bohai Sea, (c) the Yellow Sea, (d) the ECS and (e) the SCS

（2）近海海面气温

1980~2022 年，中国近海海面气温呈波动上升趋势，上升速率为 0.15℃ /10 年，总体呈北高南低的分布。其中，渤黄海上升速率最大，为 0.25℃ /10 年；东海次之，为 0.24℃ /10 年；南海总体呈微弱的上升趋势，上升速率为 0.10℃ /10 年（图 2.35）。南海北部上升速率为 0.20℃ /10 年左右，南海南部无明显变化趋势。

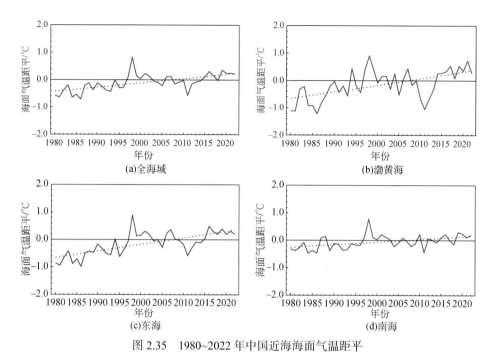

图 2.35　1980~2022 年中国近海海面气温距平

Figure 2.35　SATA in the China offshore from 1980 to 2022

(a) the China sea, (b) the Bohai Sea and the Yellow Sea, (c) the ECS and (d) the SCS

　　2022年，中国近海海面气温总体比常年高约0.2℃，比2021年低0.1℃。与常年同期相比，冬季，山东和江苏沿海气温偏高 0.4~1.4℃，浙江以南沿海海域气温偏低 0.2~1.4℃；春季，渤海、黄海和东海北部气温均偏高，其中长江口附近海域气温偏高可达 1.2℃，台湾海峡和南海北部气温偏低 0.2~0.6℃；夏季，中国近海海域除渤海和黄海北部外的大部分地区气温普遍偏高，尤其是长江口气温偏高可达 1.6℃；秋季，渤海、东海和南海的气温均偏高，其中渤海湾偏高可达 2.0℃，黄海南部气温偏低 0~0.6℃（图 2.36）。

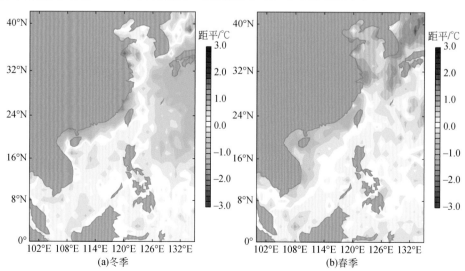

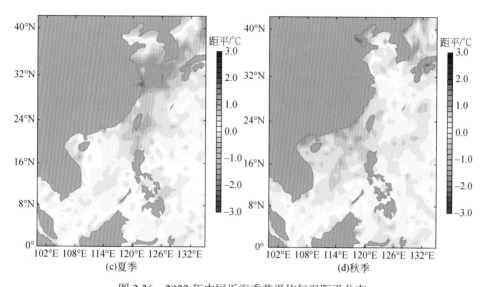

图 2.36　2022 年中国近海季节平均气温距平分布

Figure 2.36　Distribution of seasonal mean air temperature in the China offshore for 2022

(a) winter, (b) spring, (c) summer and (d) autumn

2.2.2　海平面气压

1980~2022 年，中国沿海海平面气压呈波动下降趋势，下降速率为 0.15 百帕 /10 年。其中，东海沿海下降速率最大，为 0.21 百帕 /10 年；渤海沿海、黄海沿海次之，均为 0.13 百帕 /10 年；南海沿海下降速率最小，为 0.12 百帕 /10 年（图 2.37）。

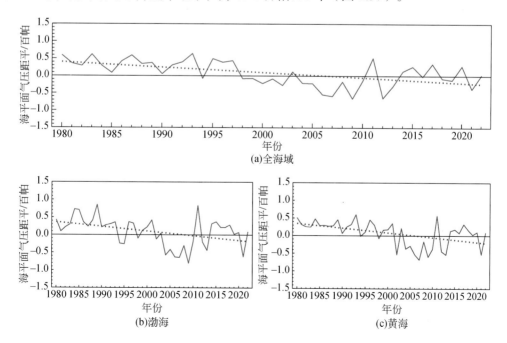

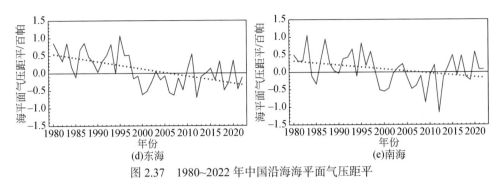

图 2.37　1980~2022 年中国沿海海平面气压距平

Figure 2.37　Sea level pressure anomalies (SLPA) along the China coast from 1980 to 2022

(a) the China sea, (b) the Bohai Sea, (c) the Yellow Sea, (d) the ECS and (e) the SCS

2022 年，中国沿海海平面气压较常年略高，比 2021 年升高 0.4 百帕。与常年相比，渤海、黄海和南海沿海海平面气压均高约 0.1 百帕，东海沿海低 0.1 百帕；与 2021 年相比，渤海、黄海和东海沿海分别升高约 0.7 百帕、0.6 百帕和 0.3 百帕，南海沿海基本持平（图 2.38）。

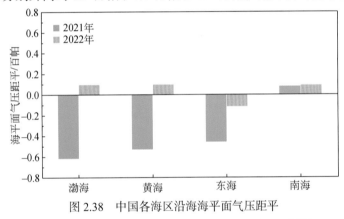

图 2.38　中国各海区沿海海平面气压距平

Figure 2.38　SLPA along the each sea coastal regions of China

2022 年，中国沿海海平面气压月际波动较大，区域差异明显。与常年同期相比，中国沿海海平面气压 2 月高 2.3 百帕，为 1980 年以来同期第二高，3 月低 2.3 百帕，为 1980 年以来同期第二低；渤海沿海海平面气压 10 月高 3.2 百帕，黄海和东海沿海海平面气压 2 月分别高 3.1 百帕和 2.1 百帕，渤海、黄海和东海沿海海平面气压 3 月分别低 2.3 百帕、2.5 百帕和 2.7 百帕（图 2.39）。

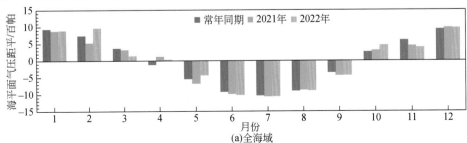

(a)全海域

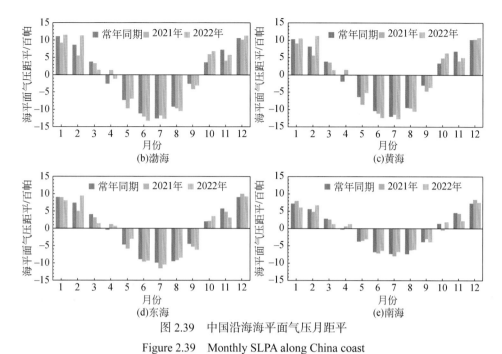

图 2.39　中国沿海海平面气压月距平

Figure 2.39　Monthly SLPA along China coast

(a) the China sea, (b) the Bohai Sea, (c) the Yellow Sea, (d) the ECS and (e) the SCS

2.2.3　海面风速

1980~2022 年，中国沿海风速呈波动减小趋势，平均每 10 年减小 0.23 米 / 秒，其中东海沿海风速减小速率最大，每 10 年减小 0.27 米 / 秒；黄海沿海和南海沿海次之，每 10 年均减小 0.23 米 / 秒；渤海沿海减小速率最小，每 10 年减小 0.19 米 / 秒（图 2.40）。

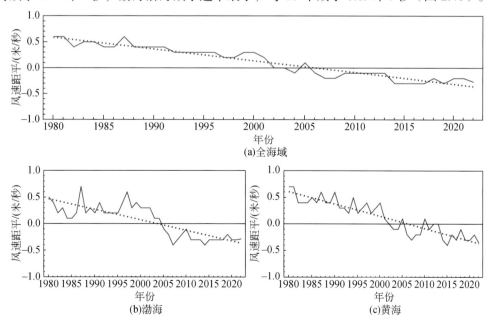

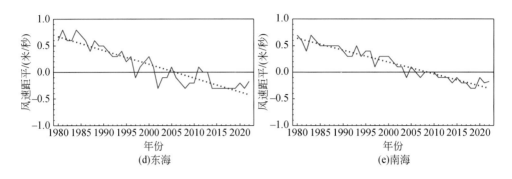

图 2.40　1980~2022 年中国沿海平均风速距平

Figure 2.40　Wind speed anomalies along the China coast from 1980 to 2022

(a) the China sea, (b) the Bohai Sea, (c) the Yellow Sea, (d) the ECS and (e) the SCS

　　2022 年，中国沿海风速较常年小 0.25 米 / 秒，与 2021 年基本持平；与常年相比，渤海、黄海、东海和南海沿海风速分别小 0.3 米 / 秒、0.3 米 / 秒、0.2 米 / 秒和 0.2 米 / 秒；与 2021 年相比，渤海和南海沿海风速基本持平，黄海沿海减小 0.1 米 / 秒，东海沿海增大 0.1 米 / 秒（图 2.41）。

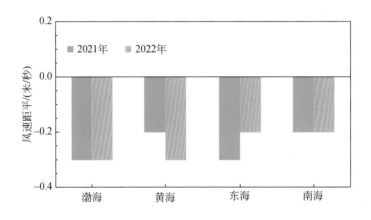

图 2.41　中国各海区沿海风速距平

Figure 2.41　Wind speed anomalies along the each sea coastal regions of China

　　2022 年，中国沿海风速月际波动较大，区域差异明显。除 10 月外，中国沿海各月风速与常年同期相比均偏小，其中 11 月小 0.6 米 / 秒；渤海和黄海沿海 1 月和 2 月风速均偏小 0.6 米 / 秒；东海沿海 8 月风速偏小 1.0 米 / 秒，10 月偏大 0.8 米 / 秒；南海沿海 3 月风速偏小 0.7 米 / 秒（图 2.42）。

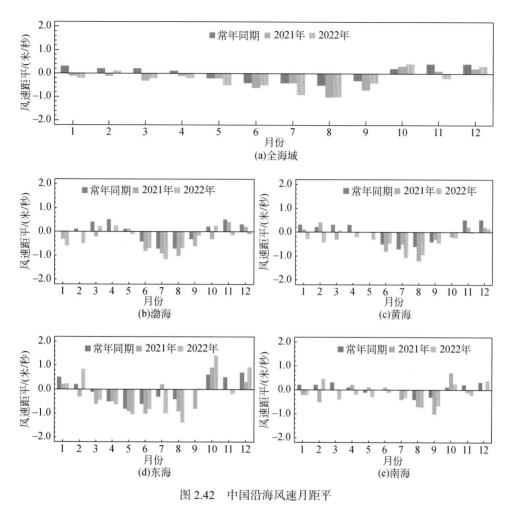

图 2.42　中国沿海风速月距平

Figure 2.42　Monthly wind speed anomalies along the China coast

(a) the China sea, (b) the Bohai Sea, (c) the Yellow Sea, (d) the ECS and (e) the SCS

2.2.4　海气热通量

（1）感热通量

1980~2022 年，中国沿海感热通量呈波动下降趋势，平均每 10 年下降 1.11 瓦/米^2。东海沿海感热通量下降速率最大，平均每 10 年下降 2.04 瓦/米^2；渤海和黄海沿海次之，平均每 10 年分别下降 0.86 瓦/米^2 和 0.81 瓦/米^2；南海沿海最小，平均每 10 年下降 0.72 瓦/米^2（图 2.43）。

2022 年，中国沿海平均感热通量较常年高 2.5 瓦/米^2，比 2021 年高 1.7 瓦/米^2；与常年相比，渤海沿海感热通量高 5.8 瓦/米^2，为近三十年以来最高，黄海、东海和南海沿海感热通量分别高 1.4 瓦/米^2、1.3 瓦/米^2 和 1.6 瓦/米^2；与 2021 年相比，南海沿海感热通量上升最明显，为 2.6 瓦 / 米²，渤海、黄海和东海沿海感热通量分别上升 1.6 瓦 / 米²、1.3 瓦 / 米² 和 1.5 瓦 / 米²（图 2.44）。

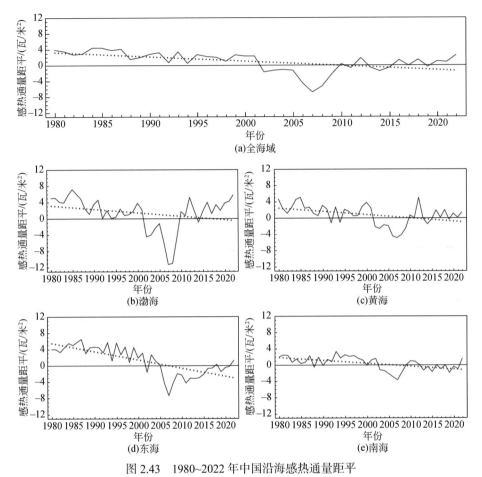

图 2.43　1980~2022 年中国沿海感热通量距平

Figure 2.43　Sensible heat flux anomalies (SHFA) along the China coast from 1980 to 2022

(a) the China sea, (b) the Bohai Sea, (c) the Yellow Sea, (d) the ECS and (e) the SCS

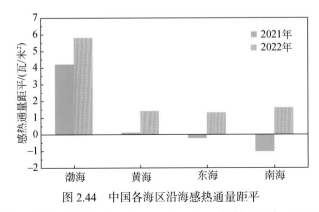

图 2.44　中国各海区沿海感热通量距平

Figure 2.44　SHFA along the coastal region of China each sea area

2022 年，中国沿海感热通量月际波动较大，区域差异明显。与常年同期相比，12 月中国沿海感热通量高 20.1 瓦 / 米 ^{2}，为 1980 年以来第三高，11 月低 7.0 瓦 / 米 ^{2}；2 月南海沿海和 5 月的东海沿海感热通量分别高 13.6 瓦 / 米 ^{2} 和 6.8 瓦 / 米 ^{2}，均为 1980 年以来同期第二高；12 月渤海和南海沿海感热通量分别高 29.9 瓦 / 米 ^{2} 和 14.7 瓦 / 米 ^{2}，为 1980 年以来同期第三高和最高（图 2.45）。

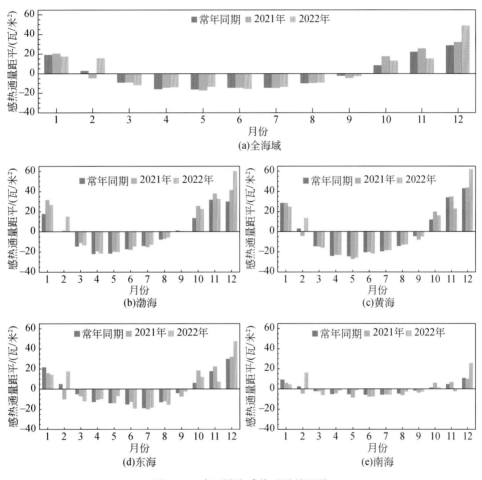

图 2.45　中国沿海感热通量月距平

Figure 2.45　Monthly SHFA along the China coast

(a) the China sea, (b) the Bohai Sea, (c) the Yellow Sea, (d) the ECS and (e) the SCS

（2）潜热通量

1980~2022 年，中国沿海潜热通量总体呈波动下降趋势，平均每 10 年下降 4.46 瓦 / 米 ^{2}，东海沿海下降速率最大，每 10 年下降 5.36 瓦 / 米 ^{2}，渤海和南海沿海每 10 年分别下降 4.72 瓦 / 米 ^{2} 和 5.31 瓦 / 米 ^{2}，黄海沿海下降速率最小，每 10 年下降 2.42 瓦 / 米 ^{2}（图 2.46）。

2022 年，中国沿海潜热通量较常年高 1.8 瓦 / 米 ^{2}，比 2021 年高 3.7 瓦 / 米 ^{2}，与常年相比，东海沿海潜热通量升幅最大，为 2.5 瓦 / 米 ^{2}。与 2021 年相比，渤海沿海上升最大，为 5.6 瓦 / 米 ^{2}（图 2.47）。

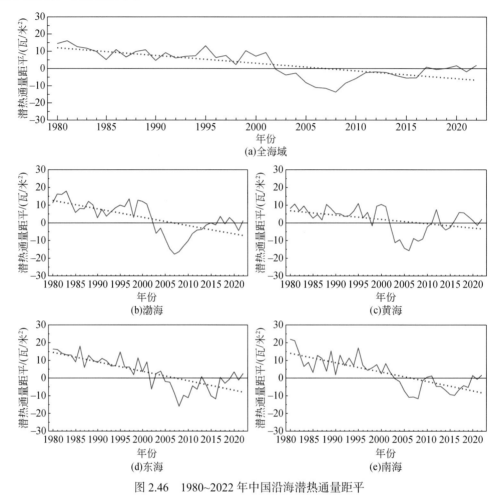

图 2.46　1980~2022 年中国沿海潜热通量距平

Figure 2.46　Latent heat flux anomalies (LHFA) along the China coast from 1980 to 2022

(a) the China sea, (b) the Bohai Sea, (c) the Yellow Sea, (d) the ECS and (e) the SCS

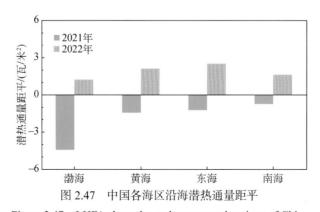

图 2.47　中国各海区沿海潜热通量距平

Figure 2.47　LHFA along the each sea coastal regions of China

2022 年，中国沿海潜热通量月际波动较大，区域差异明显。与常年同期相比，12 月中国沿海潜热通量高 31.8 瓦 / 米 ^{2}，为 1980 年以来同期第二高；6 月和 11 月分别低 13.4 瓦 / 米 ^{2} 和 33.2 瓦 / 米 ^{2}，均为 1980 年以来同期最低。10 月东海沿海高 46.0 瓦 / 米 ^{2}，为 1980 年以来同期第二高（图 2.48）。

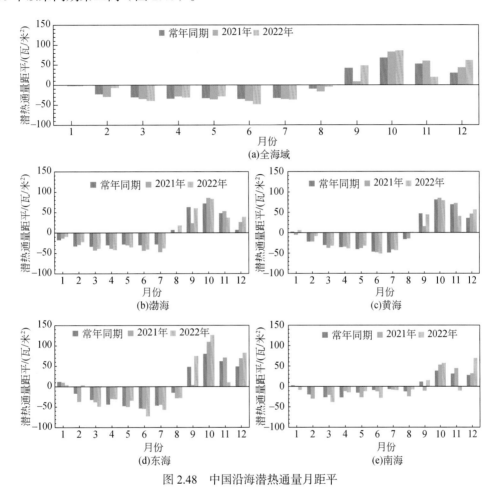

图 2.48　中国沿海潜热通量月距平

Figure 2.48　Monthly LHFA along the China coast

(a) the China sea, (b) the Bohai Sea, (c) the Yellow Sea, (d) the ECS and (e) the SCS

2.3　极端事件和典型海洋现象

2.3.1　海洋热浪

海洋热浪（Marine Heatwaves，MHWs）是大气和海洋相互耦合所导致的极端天气气候事件，持续的海洋热浪威胁海洋生态系统，破坏海洋生物多样性（Smale et al.，

2019）。自 20 世纪 80 年代以来，海洋热浪的频率几乎翻了一番，2022 年全球 58% 的海洋表面至少发生了一次海洋热浪，少于 2016 年（65%），略多于 2021 年（57%）。未来海洋热浪事件的频率、持续时间、空间范围和强度将进一步增加（IPCC，2021；WMO，2023）。

1982~2022 年，中国近海年平均海洋热浪发生频次、持续时间和累积强度均呈显著增加趋势，增加速率分别为 1.3 次 /10 年、10.6 天 /10 年和 8.7（℃·天）/10 年（图 2.49）。与 1982~1996 年相比，1997~2022 年海洋热浪发生次数显著增多，持续时间增多，累积强度增强。

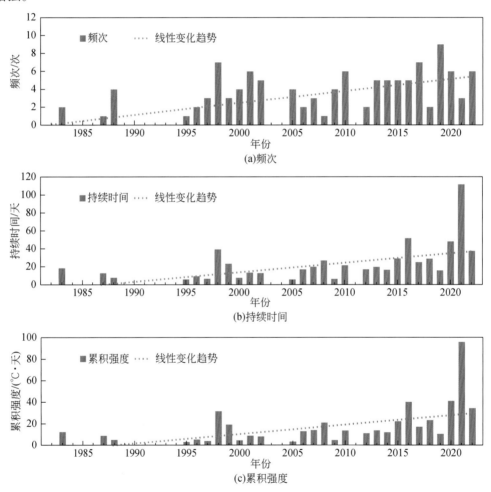

图 2.49　1982~2022 年中国近海平均海洋热浪特征变化

Figure 2.49　Variations of MHWs properties in the China offshore during 1982~2022

(a) frequency, (b) duration and (c) cumulative intensity

2022 年，中国近海 99.7% 的海域至少发生了一次海洋热浪事件，58.5% 的海域发生强及以上级别海洋热浪事件，台湾东北部海域海洋热浪发生频次达到 11~13 次，渤莱湾、江苏近海、浙江外海和南海北部海域发生海洋热浪的时间超过 150 天（图 2.50 和图 2.51）。海南文昌和三亚鹿回头两地观测到的珊瑚白化事件均与海洋热浪相关（中国气象局气候变化中心，2023），渤莱湾和长江口附近海域发生强度大于 3.0℃ 的海洋热浪。

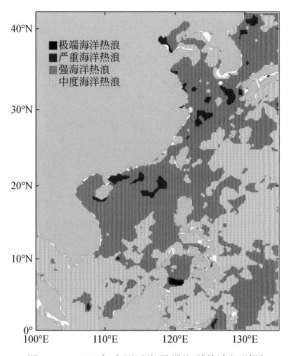

图 2.50　2022 年中国近海最强海洋热浪级别图

白色代表没有发生海洋热浪

Figure 2.50　The highest MHWs category experienced in the China offshore for 2022

White indicates that no MHWs occurred

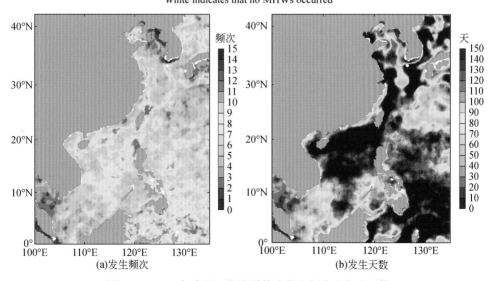

(a)发生频次　(b)发生天数

图 2.51　2022 年中国近海海洋热浪发生频次和发生天数

Figure 2.51　MHWs (a) frequencies and (b) days occurred in the China offshore for 2022

2.3.2 极值潮位

气候变暖背景下，受海平面上升、潮差增加和风暴潮强度加大等因素影响，1960 年以来，全球极端海平面事件发生频率呈增加趋势，1960~1980 年全球沿海地区平均每年发生 5 次高潮位洪涝事件，1995~2014 年发生频次增加为平均每年至少 8 次（IPCC，2021），1980 年以来，中国沿海极值潮位总体呈上升趋势，导致沿海防护、水利和港口等工程防护能力下降，滨海洪涝灾害风险进一步增加。

1980~2022 年，中国沿海极值高潮位总体呈明显上升趋势，上升速率为 4.8 毫米 / 年，且区域特征明显。杭州湾沿海上升速率最大，为 12.4 毫米 / 年。葫芦岛、老虎滩和北海极值高潮位均达 1980 年以来最高。与 1993~2011 年平均值相比，2022 年中国沿海极值高潮位总体高 13 厘米，其中山东龙口沿海偏高最为明显，为 37 厘米，辽宁葫芦岛和广西北海沿海次之，分别偏高 33 厘米和 31 厘米；浙江坎门至福建东山沿海偏低约 4~17 厘米（图 2.52 和图 2.53）。

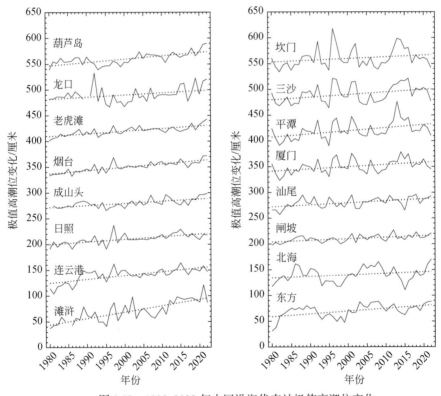

图 2.52　1980~2022 年中国沿海代表站极值高潮位变化

Figure 2.52　Variations of the annual extreme high tide level at representative tide gauge stations along the China coast from 1980 to 2022

1980~2022 年，中国沿海极值低潮位总体呈上升趋势，上升速率为 3.0 毫米 / 年，且区域特征明显。天津沿海上升速率最大，为 8.7 毫米 / 年；山东半岛北部和珠江口沿海次之，上升速率为 8.4~8.6 毫米 / 年。与 1993~2011 年平均值相比，2022 年中国沿海

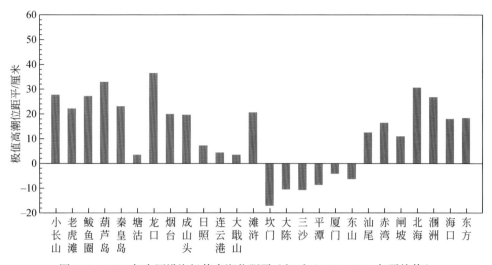

图 2.53　2022 年中国沿海极值高潮位距平（相对于 1993~2011 年平均值）

Figure 2.53　Anomalies of extreme high tide level along the China coast for 2022

（relative to 1993-2011 average）

极值低潮位总体低 1.3 厘米，其中河北秦皇岛、天津塘沽、福建平潭沿海极值低潮位偏低明显，为 19~21 厘米，山东龙口和广东赤湾沿海极值低潮位偏高最为明显，分别为 23 厘米和 19 厘米（图 2.54 和图 2.55）。

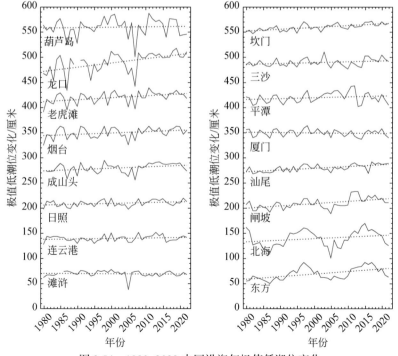

图 2.54　1980~2022 中国沿海年极值低潮位变化

Figure 2.54　Variations of the annual extreme low tide level at representative tide gauge stations along the China coast from 1980 to 2022

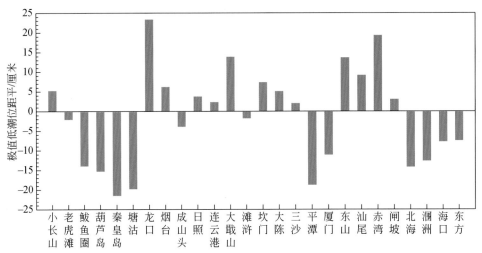

图 2.55　2022 年中国沿海极值低潮位距平（相对于 1993~2011 年平均值）

Figure 2.55　Anomalies of extreme low tide level along the China coast for 2022
（relative to 1993-2011 average）

2.3.3　风暴潮

2000~2022 年，中国沿海致灾风暴潮次数呈增加趋势，其中 2013 年发生致灾风暴潮 14 次，为 2000 年以来最多的一年。2022 年，中国沿海共发生风暴潮过程 13 次，其中致灾风暴潮 5 次（其中包括台风风暴潮 4 次、温带风暴潮 1 次），较 2000~2021 年平均值少 2.5 次，比 2021 年少 4 次（图 2.56）。

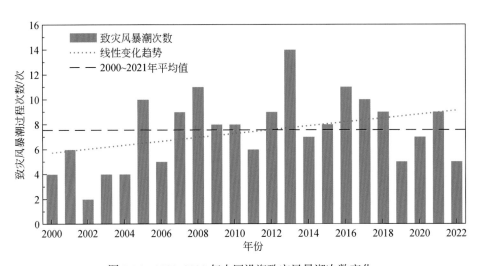

图 2.56　2000~2022 年中国沿海致灾风暴潮次数变化

Figure 2.56　Variation of the annual number of disaster storm surges along the China coast
from 2000 to 2022

1980~2022 年，中国沿海年最大增水呈波动增长趋势，增速约为 1.73 厘米 / 年。年最大增水超过 400 厘米的年份有 4 个，分别发生在 1991 年台风"弗雷德"、2006 年台风"桑美"、2011 年台风"纳沙"和 2014 年台风"海鸥"影响期间，其中 2014 年 9 月 16 日台风"海鸥"影响期间，广东南渡站最大增水达 495 厘米；年最大增水的最小值出现在 1988 年 9 月 23日"8818"号台风影响期间，福建白岩潭站最大增水为 170 厘米。2022 年 10 月，温带风暴"221003"影响期间，山东潍坊站最大增水 193 厘米，低于 1993~2011 年沿海平均最大增水，比 2021 年最大增水小 28 厘米（图 2.57）。

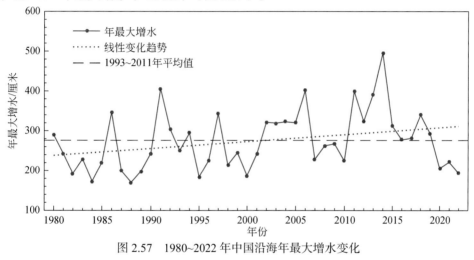

图 2.57 1980~2022 年中国沿海年最大增水变化

Figure 2.57 Variation of the annual maximum surge along the China coast from 1980 to 2022

中国沿海年最大增水区域和时间特征明显，渤莱湾、杭州湾、珠江口以及温州、汕头和湛江沿海发生次数相对较多，其中温州鳌江和湛江沿海发生次数最多。年最大增水发生时间多集中在 7~9 月，其中 9 月发生次数最多，达 16 次；年最大增水绝大多数发生在风暴潮影响期间，其中台风风暴潮引发的年最大增水比例超过 85%（图 2.58）。

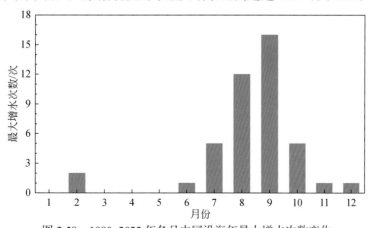

图 2.58 1980~2022 年各月中国沿海年最大增水次数变化

Figure 2.58 Variation of the annual maximum surge times along the China coast from 1980 to 2022

2.3.4 灾害性海浪

灾害性海浪包括灾害性冷空气和气旋浪及灾害性台风浪。2004~2022 年，中国近海有效波高 4.0 米（含）以上的灾害性海浪次数没有明显的变化趋势。2022 年，中国近海出现灾害性海浪过程 36 次，较 2004~2021 年平均值少 0.5 次，比 2021 年多 1 次，是 2004 年以来灾害性海浪次数的中位值；出现灾害性冷空气和气旋浪过程 24 次，较 2004~2021 年平均值多 2.4 次，与 2021 年相同；出现灾害性台风浪过程 12 次，较 2004~2021 年平均值少 2.9 次，比 2021 年多 1 次（图 2.59）。

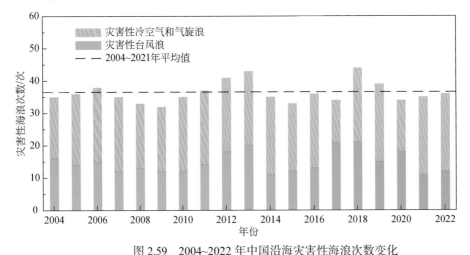

图 2.59　2004~2022 年中国沿海灾害性海浪次数变化

Figure 2.59　Variation of the number of disastrous waves along the China coast from 2004 to 2022

2022 年，致灾海浪过程共发生 5 次。人员死亡（含失踪）最严重的致灾海浪过程出现在 1 月 6 日至 8 日冷空气影响期间。受冷空气影响，台湾海峡、南海出现了有效波高 3.0~5.0 米的大浪到巨浪，南海东北部 MF14006 浮标实测最大有效波高 4.3 米、最大波高 6.1 米。1 月 6 日，"闽船渔 01898"渔船在福建莆田海域倾覆，造成 4 人死亡，2 人失踪，直接经济损失 90.00 万元。

2.3.5 极端气温

气候变暖背景下，极端天气气候事件日益加剧，自 20 世纪中叶以来，全球极端高温的频次和强度总体有所增加，极端低温的频次和强度总体有所下降（IPCC，2021）。20 世纪 80 年代以来，全球暖昼平均日数呈明显增加趋势，冷夜平均日数呈明显减少趋势（Blunden et al.，2023），中国沿海呈现与之类似的变化趋势特征，但变化强度高于全球平均水平。

1980~2022 年，中国沿海暖昼日数增加趋势显著，速率为 8.64 天 /10 年。2022 年，中国沿海暖昼日数约为 51.6 天，比常年（34.8 天）多 16.8 天，为 1980 年以来第三多 [图 2.60（a）]；渤海和东海沿海暖昼日数均为 1980 年以来的第二多。2022 年 8 月 20 日前后，滩浒、嵊山和坎门海洋站最高气温分别达 40.8℃、36.2℃和 37.0℃，均为 1980 年以来最高。

1980~2022 年，中国沿海冷夜日数减少趋势显著，速率为 13.24 天 /10 年。2022 年，中国沿海平均冷夜日数为 33.5 天，比常年（34.5 天）少 1.0 天；与 2021 年相比，中国沿海冷夜日数增加 8.4 天 [图 2.60（b）]，其中，南海沿海增幅最大，为 11.3 天，东海沿海增幅最小，为 1.7 天。

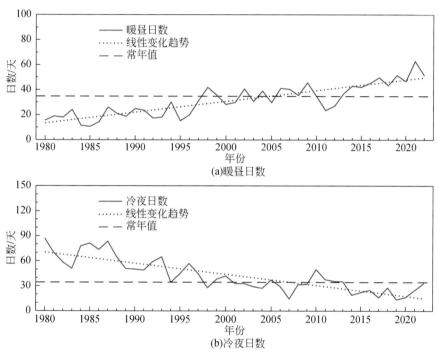

图 2.60　1980~2022 年中国沿海暖昼和冷夜日数变化

Figure 2.60　Variations of numbers of (a) warm days and (b) cold nights along the China coast from 1980 to 2022

1980~2022 年，中国沿海极端高温事件累积强度增加趋势显著，速率为每 10 年 8.01℃ • 天。2022 年，中国沿海极端高温事件累积强度为 57.0℃ • 天，比常年高 31.9℃ • 天，为 1980 年以来第一高 [图 2.61（a）]；东海沿海比常年高 70.0℃ • 天，为 1980 年以来第一高，其中滩浒和嵊山海洋站均达到 1980 年以来最高；渤海沿海比常年高 27.0℃ • 天，为 1980 年以来第三高。

1980~2022 年，中国沿海极端低温事件累积强度呈明显波动下降趋势，速率为每 10 年 9.07℃ • 天，20 世纪 80 年代后期下降明显，之后呈微弱的下降趋势。2022 年，中国沿海极端低温事件累积强度为 24.4℃·天，比常年低 12.6℃·天，比 2021 年减少 22.1℃·天 ［图 2.61（b）］，其中东海极端低温事件累积强度比常年低 17.1℃·天。

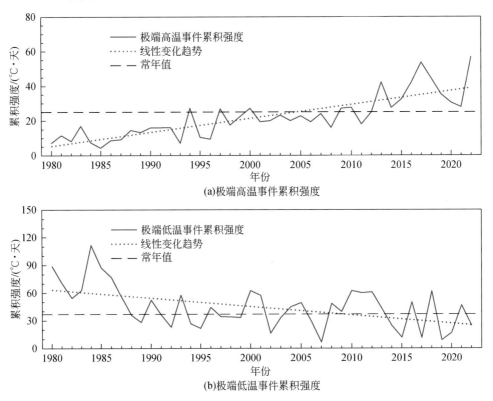

图 2.61　1980~2022 年中国沿海极端高温和极端低温事件累积强度变化

Figure 2.61　Variations of accumulated intensities of the (a) high temperature extremes and

(b) low temperature extremes along the China coast from 1980 to 2022

2.3.6　极端降水

气候变暖背景下，近 40 年全球陆地平均降水量增加速率加快，强降水事件的频次和 强度都有所增加，强降水、极端海平面和风暴潮等引发的复合型滨海城市洪涝强度加大且 更频繁（IPCC，2021），影响沿海城市公共安全和经济社会发展。

1980~2022 年，中国沿海强降水日数总体呈增加趋势，速率为 0.34 天 /10 年（图 2.62）， 区域特征明显。渤海和黄海海沿海增速最大，分别为 0.52 天 /10 年和 0.50 天 /10 年，东海 次之 0.24 天 /10 年，南海沿海强降水日数无明显变化趋势。

2022 年，中国沿海强降水日数平均为 22.4 天，比常年多 4.2 天，为 1980 年以来第二多， 呈中间少两边多的分布特征。渤海、黄海和福建南部至广东沿海强降水日数较常年多，其 中葫芦岛、小长山、老虎滩和小麦岛较常年分别多 11.8 天、14.7 天、9.7 天和 11.9 天，均 为 1980 年以来最多；浙江至福建中部沿海强降水日数较常年少 2.4 天，其中平潭较常年少 7.3

天，为 1980 年以来第四少。

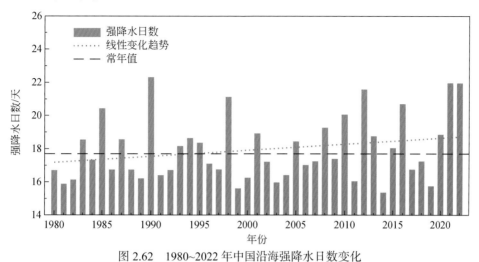

图 2.62　1980~2022 年中国沿海强降水日数变化

Figure 2.62　Heavy rainfall days along the China coast from1980 to 2022

1980~2022 年，中国沿海暴雨及以上级别（日降水量 ≥ 50 毫米）的降水日数呈增加趋势，增加速率为 0.13 天 /10 年（图 2.63）。东海沿海暴雨及以上级别的降水日数增多最明显，增加速率为 0.20 天 /10 年；渤海和黄海沿海呈微弱增加趋势；南海沿海无明显变化趋势。

2022 年，中国沿海暴雨及以上级别的降水日数平均为 5.0 天，比常年多 0.9 天，为 1980 年以来第三多。秦皇岛站、龙口站和日照站最大日降水量分别为 159.9 毫米（7 月 29 日）、127.2 毫米（9 月 15 日）和 200.9 毫米（6 月 27 日），均为该站 1980 年以来第二多。

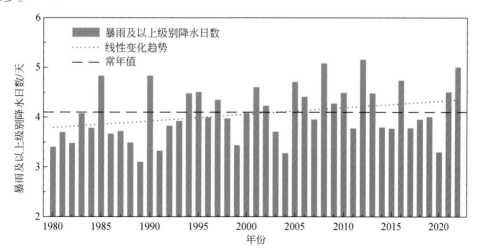

图 2.63　1980~2022 年中国沿海暴雨及以上级别降水日数变化

Figure 2.63　Rainstorm days along the China coast from1980 to 2022

2.3.7 黄海冷水团

黄海冷水团是位于黄海中部洼地的深层和底部的低温高盐季节性水团，是中国近海最突出的海洋现象之一，包括北黄海冷水团和南黄海冷水团，其最低温度是代表黄海冷水团强度的重要物理量（Yang et al.，2023）。黄海冷水团的变化是区域海洋对全球性气候变化的响应结果，其状况对生物群落的分布、渔业资源的获取和渔业养殖活动有着重要的意义。

1980~2022 年，北黄海冷水团 8 月最低温度呈微弱上升趋势，南黄海冷水团 8 月最低温度上升速率为 0.26℃ /10 年，且伴随较明显的年际和年代际变化特征。20 世纪 80 年代最低温度总体偏低，20 世纪 90 年代初到 21 世纪初以偏高为主，2011 年后升温趋势较为显著。

2022 年，北黄海冷水团 8 月最低温度较常年同期高 0.64℃，比 2021 年同期上升 0.18℃，为 1980 年以来第十高；南黄海冷水团 8 月最低温度较常年同期高 0.90℃，比 2021 年同期上升 0.50℃，为 1980 年以来第五高（图 2.64）。

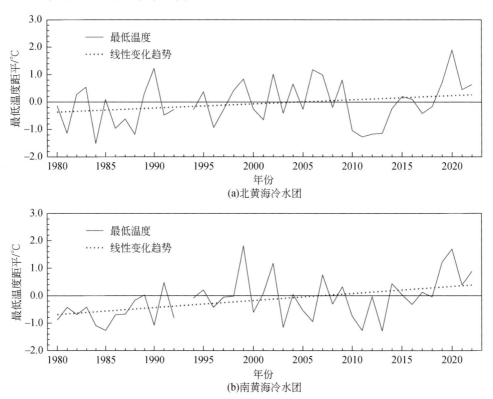

图 2.64　1980~2022 年黄海冷水团 8 月份最低温度距平

Figure 2.64　Minimum temperature anomalies of the Yellow Sea cold water mass (YSCWM)

in August from 1980 to 2022

(a) the northern YSCWM and (b) the southern YSCWM

2.3.8　黑潮

黑潮是北太平洋的一支强大的西边界暖流，通过与陆架水相互作用，影响着中国近海环流分布和温盐结构（苏纪兰，2001），进而影响着营养物质以及其他化学物质的分布，对中国海洋生态状况以及气候有着重要的影响。气候变暖背景下，上游黑潮（菲律宾海至台湾东部外海）在 20 年间（1993~2013 年）增强了约 18%（Wang and Wu，2018）。

2000~2022 年，黑潮入侵东海（25°N，120°20′E~125°E）表面流量呈下降趋势，下降速率为每 10 年 0.05×10^4 米^2/秒。2001~2009 年表面流量总体偏大，2011~2018 年下降趋势明显，2018 年为近 20 年最小，2022 年比 2021 年偏大。

2000~2022 年，黑潮入侵南海（18°40′N~22°N，120°40′E）表面流量呈上升趋势，上升速率为每 10 年 0.07×10^4 米^2/秒，且伴随较明显的年代际变化特征。2003~2005 年表面流量总体偏小，其中 2004 年为近 20 年最小，2009~2013 年明显偏大，2014~2019 年接近 2000~2019 年平均值，2021 年为近 8 年最高，2022 年比 2021 年稍小（图 2.65）。

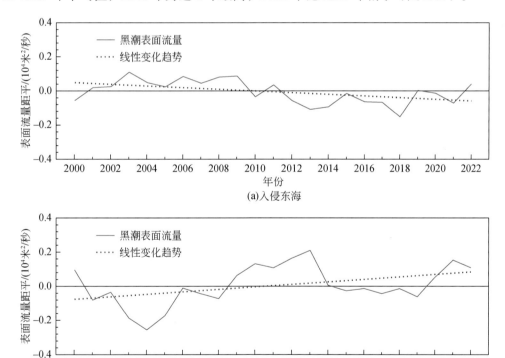

图 2.65　2000~2022 年黑潮入侵东海和南海表面流量距平（相对于 2000~2022 年平均值）

资料来源：美国地球与空间研究所

Figure 2.65　Surface transport anomalies of Kuroshio intrusion into the (a) ECS and (b) SCS

from 2000 to 2022 (relative to the 2000-2022 average)

Data source: Earth and Space Research

第3章　典型海洋生态系统

近岸海洋生态系统中蕴藏着丰富的资源，在调节气候变化、防灾减灾等方面起着重要的作用。近岸海洋生态系统包括红树林、珊瑚礁和海草床等，全球气候变暖背景下，其正受到海水升温、海平面上升和海洋酸化等威胁，导致生物栖息地丧失，影响依赖其生存的生物及其多样性。科学认识近岸海洋生态系统的变化状况，是海洋防灾减灾、生态文明建设和应对气候变化的重要支撑。

3.1　红　树　林

红树林是生长在热带、亚热带海岸生产力最高的海洋生态系统之一，在防风消浪、维护生物多样性和固碳储碳等方面发挥着重要的作用。受人类活动和海平面上升等多重因素的影响，2000~2010 年全球红树林面积平均每年减少 0.16%，其中东南亚地区减少最显著（Goldberg et al.，2020）；1956~1988 年，海南东寨港红树林面积从 3416 公顷减少到 1711 公顷，90 年代之后，因自然保护区的建立，红树林面积基本保持稳定（Cai et al.，2022）。

广西是我国红树林资源最丰富的省份之一，自然分布的红树植物种类有 18 种。2022 年，广西红树林面积约为 10 400 公顷，与 2021 年相比，红树林面积增加了 783 公顷，新增的红树林以人工林为主。近 5 年调查结果显示，广西山口和北仑河口红树林生态系统植株密度变化不明显。

● **山口红树林生态系统**

山口调查区域有真红树植物 11 种和半红树植物 6 种。2018~2022 年，山口红树林生态系统群落植株密度基本维持稳定。2022 年，山口红树林生态系统有林面积为 919.57 公顷，其中丹兜海 646.37 公顷，英罗港 273.20 公顷。与 2021 年相比，红树林面积和群落植株平均密度均无明显变化，其中群落植株平均密度为 80 株 /100 米^2（图 3.1）。

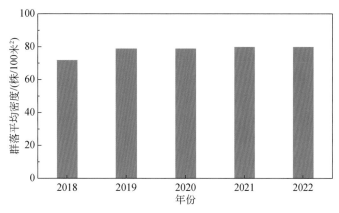

图 3.1　2018~2022 年山口红树林生态系统植株密度变化

Figure 3.1　Changes in plant density of Mangrove Ecosystem at Shankou from 2018 to 2022

● **北仑河口红树林生态系统**

北仑河口调查区域有真红树植物 12 种和半红树植物 6 种。2018~2022 年，北仑河口红树林生态系统群落植株密度小幅波动，2022 年与近五年平均水平差异不大。2022 年，北仑河口红树林生态系统有林面积为 1062.60 公顷，其中北仑河口 110.93 公顷，珍珠湾 951.67 公顷。与 2021 年相比，红树林面积和群落植株平均密度均无明显变化，其中群落植株平均密度为 91 株 /100 米 ^{2}（图 3.2）。

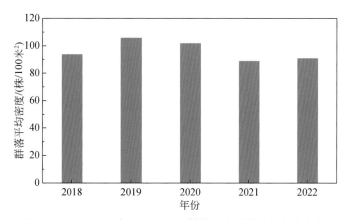

图 3.2　2018~2022 年北仑河口红树林生态系统植株密度变化

Figure 3.2　Changes in plant density of Mangrove Ecosystem at Beilun estuary from 2018 to 2022

3.2　珊　瑚　礁

珊瑚礁生态系统是热带和亚热带海洋中生产力和生物多样性最高的海洋生态系统

之一，被誉为"海洋中的热带雨林"。受气候变化和人类活动的双重威胁，全球范围内的珊瑚礁出现严重退化趋势。海洋变暖是暖水珊瑚礁大规模白化和死亡的主要原因，自1997年以来，海洋热浪导致大规模珊瑚白化事件频率增加（IPCC，2019）。我国珊瑚礁生态系统主要分布在华南沿海、海南岛和南海诸岛等地，珊瑚礁面积约3.8万平方千米，过去30年，中国南海尤其是近岸区域的造礁珊瑚覆盖率下降了80%（黄晖等，2021）；2010年以来南海珊瑚热白化现象不断出现，气候变暖对南海珊瑚礁的影响逐渐凸显。

广西涠洲岛为我国近岸海域珊瑚礁主要分布区之一，近5年调查结果显示，竹蔗寮区域珊瑚覆盖度总体呈下降趋势，牛角坑和坑仔区域珊瑚覆盖度变化趋势不明显（图3.3）。

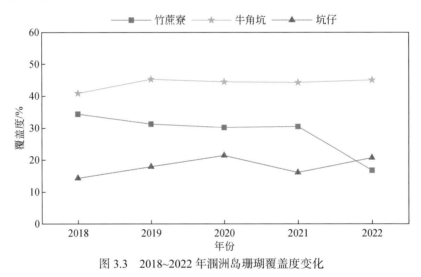

图 3.3　2018~2022 年涠洲岛珊瑚覆盖度变化

Figure 3.3　Coral coverage changes in Weizhou Island from 2018 to 2022

● 涠洲岛竹蔗寮珊瑚礁

2018~2022 年，竹蔗寮区域造礁珊瑚覆盖度和软珊瑚覆盖度总体呈下降趋势。2022年，该区域珊瑚总覆盖度为16.8%，其中造礁珊瑚和软珊瑚覆盖度分别为16.6%和0.2%，较2021年下降了44.9%，比近五年平均水平低41.3%；造礁珊瑚种类5科10属15种，优势种为澄黄滨珊瑚 *Porites lutea*，分布长度占珊瑚覆盖长度的39.6%。

● 涠洲岛牛角坑珊瑚礁

2018~2022 年，牛角坑区域造礁珊瑚覆盖度总体呈下降趋势，软珊瑚覆盖度波动上升。2022年，该区域珊瑚总覆盖度为45.1%，其中造礁珊瑚覆盖度为15.6%，软珊瑚覆盖度为29.5%，比2021年提高1.8%，比近五年平均水平高2.5%；造礁珊瑚种类5科6属6种，优势种为十字牡丹珊瑚 *Pavona decussata*，分布长度占珊瑚覆盖长度的87.6%。

● **涠洲岛坑仔珊瑚礁**

2018~2022 年，坑仔区域造礁珊瑚覆盖度呈波动上升趋势，软珊瑚覆盖度波动下降。2022 年，该区域珊瑚总覆盖度为 20.7%，其中造礁珊瑚覆盖度为 19.6%，软珊瑚覆盖度为 1.1%，比 2021 年提高了 28.6%，比近五年平均水平高 14.5%；造礁珊瑚种类 10 科 20 属 24 种，优势种为秘密角蜂巢珊瑚 *Favites abdita*，分布长度占珊瑚覆盖长度的 22.9%。

2020 年 5 月 29 日至 7 月 31 日，广西涠洲岛发生最大强度为 3.0℃的海洋热浪事件（图 3.4），周边海域内出现珊瑚白化现象。热浪过后，虽然大部分珊瑚有所恢复，但已处于亚健康状态，并在随后发展中陆续死亡。2020 年以来，竹蔗寮和北港均有珊瑚死亡状况发生。

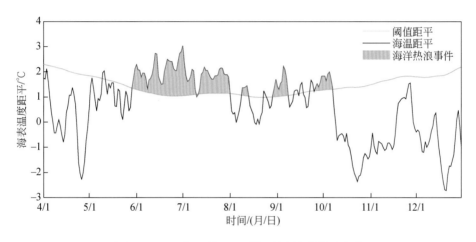

图 3.4　2020 年 4 月至 12 月涠洲岛海洋热浪事件

Figure 3.4　Marine heatwaves at Weizhou Island from April to December 2020

3.3　海　草　床

海草床主要分布在热带和温带的浅海区域，沿潮下带生长，具有极高的生产力和生物多样性，是蓝碳生态系统的重要组成。受气候变化和近岸水质恶化的影响，1879~2006 年全球海草床生态系统消失了 29%（Waycott et al.，2009）。我国海草床面积约 107 平方千米，主要分布于河北、海南、辽宁、广东、山东和广西，其中河北曹妃甸海草床是目前我国已知的海草床连片分布最大的区域。

与 2020 年相比，2022 年辽宁兴城、河北曹妃甸和海南新村港的海草床面积均略有增加，分别增加 0.23 平方千米、1.70 平方千米和 0.44 平方千米；河北曹妃甸和海南新村港海草床的平均盖度分别增加 3.4% 和 11.8%，辽宁兴城海草床平均盖度减少 27.9%（图 3.5）。

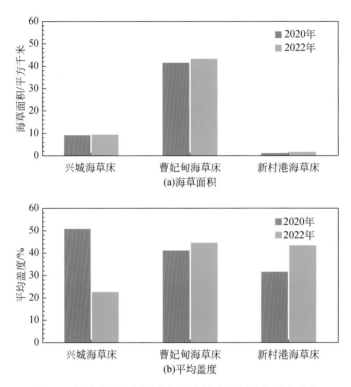

图 3.5　辽宁兴城、河北曹妃甸和海南新村港海草床变化

Figure 3.5　Changes of Seagrass Beds at Xingcheng Liaoning, Caofeidian Hebei and Xincungang Hainan

第4章 影响中国海洋状况的 主要因素

中国近海地处季风最明显的气候带，东亚季风、西北太平洋副热带高压、中－高纬度大气涛动等的变化，对中国近海海表温度、海平面、气温和降水等产生重要影响。海洋异常变化及其与大气间的能量传输和物质交换也是影响中国近海海洋气候变化的重要因素。厄尔尼诺和南方涛动是至关重要的全球大气和海洋相互耦合的年际变率信号，与中国海洋状况遥相关显著。

4.1 大气环流

4.1.1 东亚季风

东亚季风对中国近海海洋环境、天气和气候有较强的作用，其活动具有显著的年际和年代际变化特征。自20世纪70年代（20世纪80年代中期）以来，东亚夏季风（东亚冬季风）有减弱趋势（丁一汇等，2018）。

1961~2022年，东亚夏季风强度总体呈减弱趋势，并伴随年际和年代际波动。1961~1979年，东亚夏季风强度下降明显；1980~2009年，东亚夏季风强度总体偏弱；2010~2022年东亚夏季风强度总体偏强。2022年，东亚夏季风强度指数（郭其蕴，1983）为0.57，强度较常年偏强（图4.1）。

1961~2022年，东亚冬季风年际和年代际变化特征明显。1961~1986年，东亚冬季风强度总体偏强。1987以来年东亚冬季风强度总体偏弱。2021/2022年，东亚冬季风强度指数（张自银等，2008）为2.69，强度较常年偏强（图4.2）。

2021/2022年冬季，东亚大槽区（30°~50°N，110°~150°E）主要为负位势高度距平，风场距平东海以向岸为主，南海以离岸为主（图4.3）。

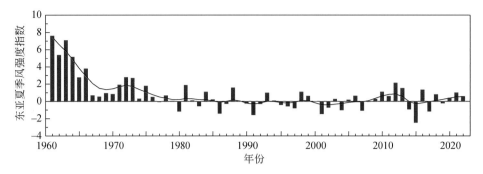

图 4.1　1961~2022 年东亚夏季风强度指数变化

Figure 4.1　Variation of the East Asian summer monsoon index from 1961 to 2022

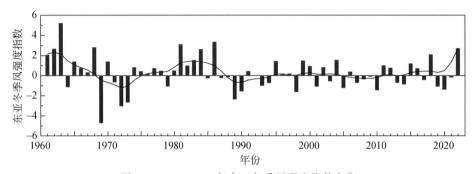

图 4.2　1961~2022 年东亚冬季风强度指数变化

Figure 4.2　Variation of the East Asian winter monsoon index from 1961 to 2022

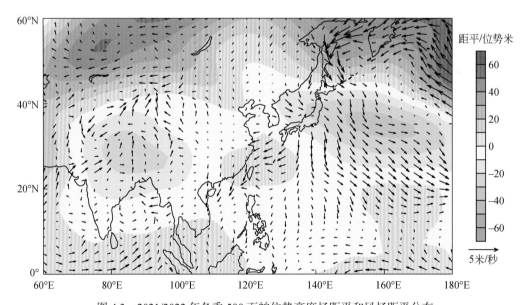

图 4.3　2021/2022 年冬季 500 百帕位势高度场距平和风场距平分布

数据来源：美国国家海洋与大气管理局物理科学实验室

Figure 4.3　Distribution of 500 hPa geopotential height anomalies and wind anomalies in winter of 2021/2022

Data source: NOAA Physical Sciences Laboratory

4.1.2　西北太平洋副热带高压

西北太平洋副热带高压是东亚大气环流的重要成员之一，直接影响我国的天气和气候变化，与中国夏季潮湿而闷热的天气、汛期降水及台风活动等有着极其密切的联系（龚道溢和何学兆，2002）。

1961~2022 年夏季，西北太平洋副热带高压总体上呈现面积增大、强度增强、位置西扩的趋势。1961~1978 年，西北太平洋副热带高压面积偏小、强度偏弱、西伸脊点位置偏东。1981~2010 年，西北太平洋副热带高压主要表现为年际波动，2010 年面积最大、强度最强、西伸脊点位置最西，直接导致我国夏季气候异常（极端高温和强降雨）。近 8 年一直呈现面积偏大、强度偏强、西伸脊点位置偏西的特点。2022 年夏季，西北太平洋副热带高压面积和强度分别为 1960 年以来第五高和第六高，西伸脊点位置偏西（图 4.4）。

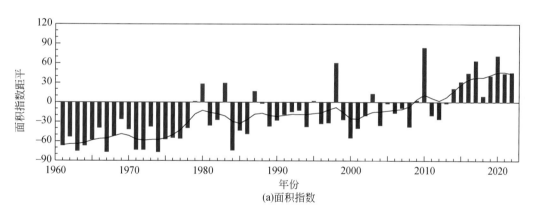

(a)面积指数

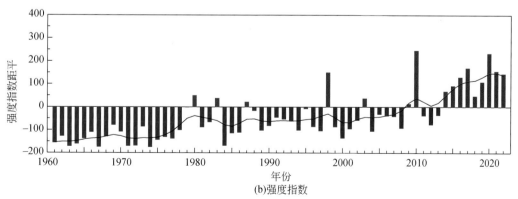

(b)强度指数

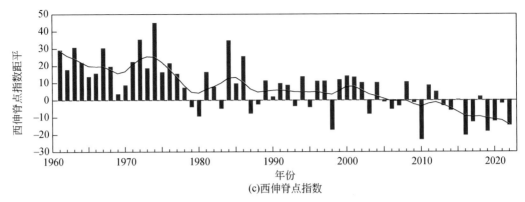

(c)西伸脊点指数

图 4.4　1961~2022 年夏季西北太平洋副热带高压指数距平

数据来源：中国气象局国家气候中心

Figure 4.4　Western North Pacific subtropical high (a) area index, (b) intensity index and

(c) western ridge point index anomalies in the summers of 1961 to 2022

Data source: China Meteorological Administration, National climate center

4.1.3　北极涛动

北极涛动（Arctic Oscillation，AO）是北半球中纬度和高纬度地区平均气压此消彼长的一种现象。AO 为正位相时，中纬度地区气压上升，极地气压下降，中纬度盛行纬向环流；反之处于负位相时盛行经向环流（Thompson and Wallace，1998）。AO 对北半球气候变化有重要影响，尤其对我国冬季的气温和降水影响显著（龚道溢和王绍武，2003）。

1961~2022 年，冬季北极涛动指数年代际波动特征明显，1961~1988 年和1996~2013 年冬季北极涛动以负位相为主，1989~1995 年和 2014~2022 年冬季北极涛动以正位相为主（图 4.5）。2021/2022 年，冬季北极涛动指数为 0.86，中纬度地区气压上升，极地气压下降（图 4.6）。

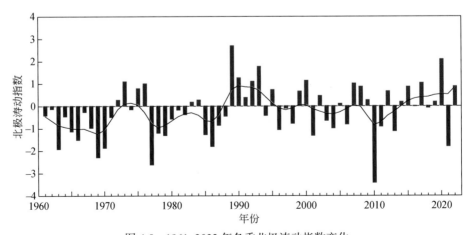

图 4.5　1961~2022 年冬季北极涛动指数变化

Figure 4.5　Variation of the Arctic Oscillation index in the winters of 1961 to 2022

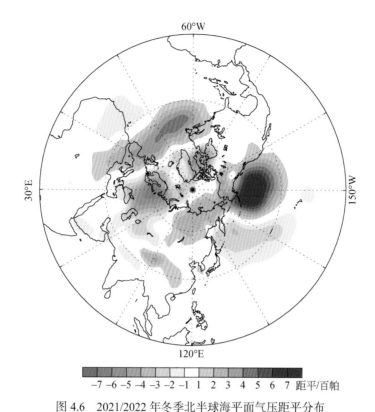

图 4.6   2021/2022 年冬季北半球海平面气压距平分布

数据来源：美国国家海洋与大气管理局物理科学实验室

Figure 4.6   Distribution of SLPA over the Northern Hemisphere in winter 2021/2022

Data source: NOAA Physical Sciences Laboratory

4.2　厄尔尼诺和南方涛动

厄尔尼诺和南方涛动是同一现象在海洋和大气中的不同表现形式，具有 2~7 年的显著准周期振荡特征，通过驱动热带 - 热带外大气环流异常变化影响全球天气和气候，增加极端事件的发生概率。在大多厄尔尼诺年，东亚地区的冬季往往较常年偏暖，次年夏季长江流域降水增多，中国沿海海平面出现偏低现象（Wang et al.，2018；余荣和翟盘茂，2018）。全球变暖下，极端厄尔尼诺和拉尼娜事件的频率会增加，或将带来更大气候灾害（Hu et al.，2021）。

1950~2022 年，赤道中东太平洋海表温度距平有明显的年际变化特征。根据《厄尔尼诺 / 拉尼娜事件判别方法》（全国气候与气候变化标准化技术委员会，2017），1950~2022 年共发生 21 次厄尔尼诺事件，18 次拉尼娜事件。2021 年 10 月开始的弱拉尼娜事件于 2023 年 1 月结束，在 2022 年，拉尼娜事件自 1 月持续到 12 月，Niño3.4 区海表温度距平值约为 –0.86℃，较 2021 年下降约 0.30℃（图 4.7 和图 4.8）。

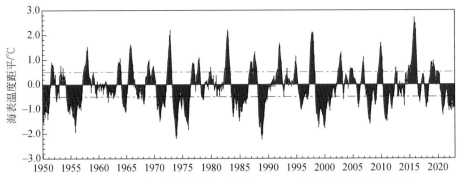

图 4.7　1950~2022 年赤道中东太平洋（Niño3.4 区）平均海表温度距平

点划线为海表温度距平 ±0.5℃线

Figure 4.7　SSTA in the central and eastern equatorial Pacific (Niño3.4) from 1950 to 2022

dash-dotted line indicates ±0.5℃

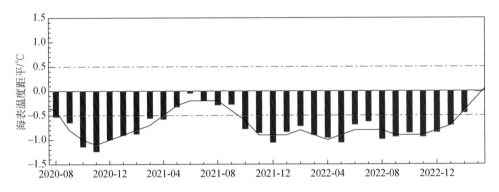

图 4.8　2020 年 8 月到 2023 年 3 月 Niño3.4 区海表温度距平

黑线为 3 个月滑动平均

Figure 4.8　SSTA in Niño 3.4 region from August 2020 to March 2023

the black solid line indicates the moving average of three months

2020 年 8 月至 2023 年 3 月，南方涛动指数（Southern Oscillation Index，SOI）均为正值（图 4.9）。2022 年 12 月，赤道太平洋沃克环流偏强，异常上升支位于赤道太

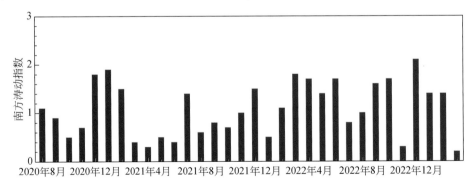

图 4.9　2020 年 8 月到 2023 年 3 月南方涛动指数的逐月演变

Figure 4.9　Monthly evolution of SOI from August 2020 to March 2023

平洋 140°E 附近，异常下沉支位于赤道中太平洋 160°E~180° 海域，赤道中东太平洋大部对流活动受抑制（图 4.10）。

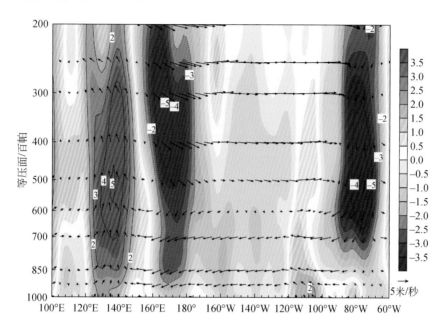

图 4.10　2022 年 12 月赤道太平洋纬向垂直环流距平
垂直速度扩大 100 倍，单位：百帕 / 秒，纬向风单位：米 / 秒
数据来源：美国国家海洋与大气管理局物理科学实验室
Figure 4.10　Walker circulation anomalies in the equatorial Pacific Ocean in December 2022
Vertical velocity is enlarged by 100 times; unit: hPa/s. Zonal wind unit: m/s
Data source: NOAA Physical Sciences Laboratory

4.3　印度洋偶极子

热带印度洋偶极子（Tropical Indian Ocean Dipole，TIOD）是热带西印度洋和东南印度洋海表温度的跷跷板式反向变化，具有明显的季节位相锁定特征，可通过海气耦合作用，对东亚降水、台风和极端高温等产生显著影响。在全球变暖背景下，未来强 TIOD 事件发生概率将会增加，弱 TIOD 事件发生概率将会减少（Cai et al.，2020）。

2022 年，TIOD 指数为 –1.09℃，较 2021 年低 0.71℃，6 月至 11 月 TIOD 指数一直低于负 TIOD 阈值（–0.4℃）。TIOD 负位相与拉尼娜事件的协调作用，促使冬季和春季澳大利亚大部地区降雨偏多（WMO，2023）。1994 年、1997 年和 2019 年 TIOD 较强，其中 2019 年达到 1950 年以来最强（图 4.11），导致 2019 年冬季东亚地区出现极端暖异常，以及 2020 年初夏东亚地区极端梅雨的发生（姜继兰等，2021）。

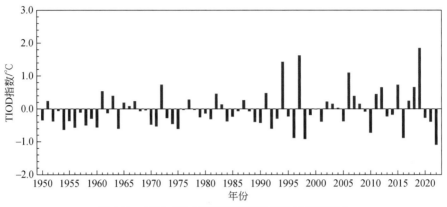

图 4.11　1950~2022 年热带印度洋偶极子指数变化

数据来源：中国气象局国家气候中心

Figure 4.11　Variation of TIOD index from 1950 to 2022

Data source: China Meteorological Administration, National climate center

4.4　太平洋年代际振荡

太平洋年代际振荡（Pacific Decadal Oscillation，PDO）是一种年代际尺度上的气候变率强信号，对全球及中国气候系统的影响较为显著，可直接造成太平洋及其周边地区（包括我国）及北极气候的年代际变化（Chen et al.，2013）。同时，PDO 主导了中国东部年代尺度降水的分布格局（Yang et al.，2017）。

1950~1975 年，PDO 处于冷位相期；1976~1998 年，PDO 主要处于暖位相期。2008~2013 年，PDO 显著偏弱，处于冷位相期；2014~2019 年，PDO 显著偏强，处于暖位相期。2022 年，PDO 指数为 –1.53，较 2021 年低 0.16，平均海表温度距平呈现为热带中东太平洋偏低，北太平洋中部偏高的分布特征（图 4.12 和图 4.13）。

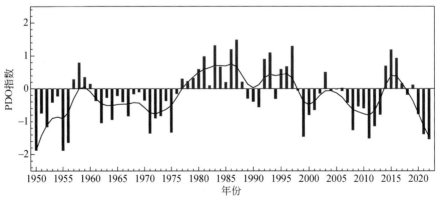

图 4.12　1950~2022 年太平洋年代际振荡指数变化

数据来源：日本气象厅

Figure 4.12　Variation of Pacific Decadal Oscillation index from 1950 to 2022

Data source: Japan Meteorological Agency

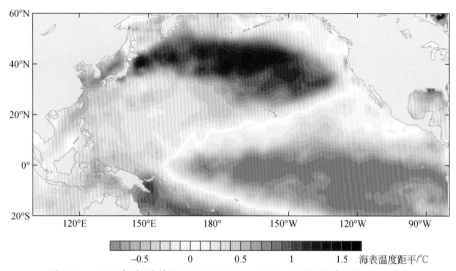

图 4.13　2022 年太平洋（100°E~80°W，20°S~60°N）海表温度距平分布

Figure 4.13　Distribution of SSTA over the Pacific Ocean (100°E~80°W, 20°S~60°N) for 2022

4.5　大西洋多年代际振荡

大西洋多年代际振荡（Atlantic Multidecadal Oscillation，AMO）是指发生在北大西洋区域，空间上具有海盆尺度的，时间上具有多年代际尺度（65~80 年）的海表面温度异常变化现象，是大西洋海表面温度变化的主导模态，能够调控全球增暖多年代际变率，对全球及区域气候具有重要影响（Li et al.，2020），同时可通过与 PDO 的协同作用，影响我国东部年代尺度降水分布格局（Zhang et al.，2018）。

1950~1962 年，AMO 处于暖位相期；1963~1996 年，AMO 处于冷位相期；1997~2022 年，AMO 处于暖位相期。2022 年，AMO 指数为 0.25，较 2021 年高 0.02（图 4.14）。

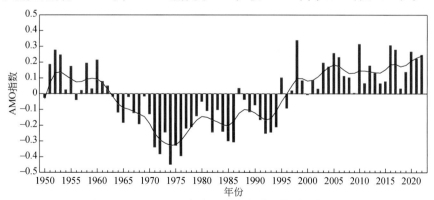

图 4.14　1950~2022 年大西洋多年代际振荡指数变化

数据来源：美国国家海洋与大气管理局物理科学实验室

Figure 4.14　Variation of AMO index from 1950 to 2022

Data source: NOAA Physical Sciences Laboratory

参 考 文 献

丁一汇, 司东, 柳艳菊, 等. 2018. 论东亚夏季风的特征、驱动力与年代际变化. 大气科学, 42(3): 533-558.

龚道溢, 何学兆. 2002. 西太平洋副热带高压的年代际变化及其气候影响. 地理学报, 57(2): 185-193.

龚道溢, 王绍武. 2003. 近百年北极涛动对中国冬季气候的影响. 地理学报, 58(4): 559-568.

郭其蕴. 1983. 东亚夏季风强度指数及其变化的分析. 地理学报, 38(3): 207-217.

黄晖, 陈竹, 黄林韬. 2021. 中国珊瑚礁状况报告: 2010-2019. 北京: 海洋出版社.

姜继兰, 刘屹岷, 李建平, 等. 2021. 印度洋偶极子研究进展回顾. 地球科学进展, 36(6): 579-591.

刘敏, 赵栋梁. 2019. 基于 ERA-20C 再分析资料的中国近海波候研究. 中国海洋大学学报 (自然科学版), 49(7): 1-10.

全国气候与气候变化标准化技术委员会. 2017. 厄尔尼诺 / 拉尼娜事件判别方法 : GB/T33666-2017. 北京 : 中国标准出版社.

苏纪兰. 2001. 中国近海的环流动力机制研究. 海洋学报, (4): 1-16.

余荣, 翟盘茂. 2018. 厄尔尼诺对长江中下游地区夏季持续性降水结构的影响及其可能机理. 气象学报, 76(3): 408-419.

张自银, 龚道溢, 郭栋, 等. 2008. 我国南方冬季异常低温和异常降水事件分析. 地理学报, 63(19): 899-912.

中国气象局气候变化中心. 2023. 中国气候变化蓝皮书（2023）. 北京 : 科学出版社.

Alexander M A, Bhatt U S, Walsh J E. 2004. The atmospheric response to realistic arctic sea ice anomalies in an AGCM during winter. Journal of Climate, 17(5): 890-905.

Behrenfeld M J, O' Malley R T, Siegel D A, et al. 2006. Climate-driven trends in contempo-rary ocean productivity. Nature, 444: 752-755.

Bindoff N L, Cheung W W L, Kairo J G, et al. 2019. Changing Ocean, Marine Ecosystems, and Dependent Communities//IPCC Special Report on the Ocean and Cryosphere in a Changing Climate. Cambridge UK and New York NY USA: Cambridge University Press.

Blunden J and Arndt D S, Eds. 2020. State of the Climate in 2019. Bulletin of the American Meteorological Society, 101(8): S1–S429.

Blunden J, Boyer T, and Bartow-Gillies E, Eds. 2023. State of the Climate in 2022. Bulletin of the American Meteorological Society, 104(9): S1–S501.

Breitburg D, Levin L A, Oschlies A, et al. 2018. Declining oxygen in the global ocean and coastal waters. Science, 359(6371): 1-11.

Cai W J, Yang K, Wu L X, et al. 2020. Opposite response of strong and moderate positive Indian Ocean Dipole to global warming. Nature Climate Change, 11:27-32.

Cai R S, Ding R Y, Yan X H, et al. 2022. Adaptive response of Dongzhaigang mangrove in China to future sea level rise. Scientific Reports, 12: 11495.

Chen W, Feng J, Wu R. 2013. Roles of ENSO and PDO in the Link of the East Asian Winter Monsoon to the following Summer Monsoon. Journal of Climate, 26(2): 622-635.

Cheng L J, Abraham J, Trenberth K E, et al. 2023. Another year of record heat for the oceans. Advances in Atmospheric Sciences, 40: 963-974.

Goldberg L, Lagomasino D, Thomas N, et al. 2020. Global declines in human-driven mangrove loss. Global Change Biology, 26(10): 5844-5855.

Hu K, Huang G, Huang P, et al. 2021. Intensification of El Niño-induced atmospheric anomalies under greenhouse warming. Nature Geoscience, 14: 377-382.

IPCC. 2019. Summary for policymakers//Pörtner H O, Roberts D C, Masson-Delmotte V, et al. IPCC Special Report on the Ocean and Cryosphere in a Changing Climate.

IPCC. 2021. Summary for policymakers//Masson-Delmotte V, Zhai P, Pirani A. Climate Change 2021: The Physical Science Basis. Contribution of Working Group I to the Sixth Assessment Report of the Intergovernmental Panel on Climate Change. Cambridge: Cambridge University Press.

IPCC. 2023. Summary for Policymakers//Climate Change 2023: Synthesis Report. Contribution of Working Groups I, II and III to the Sixth Assessment Report of the Intergovernmental Panel on Climate Change. IPCC, Geneva, Switzerland.

Ito T, Nenes A, Johnson M S, et al. 2016. Acceleration of oxygen decline in the tropical Pacific over the past decades by aerosol pollutants. Nature Geoscience, 9: 443-447.

Levin L A. 2018. Manifestation, drivers, and emergence of open ocean deoxygenation. Annual Review of Marine Science, 10(1): 229-260.

Li Z Y, Zhang W J, Jin F F, et al. 2020. A robust relationship between multidecadal global warming rate variations and the Atlantic Multidecadal Variability. Climate Dynamics, 55:1945-1959.

Perez F F, Fontela M, García-Ibáez M I, et al. 2018. Meridional overturning circulation conveys fast acidification to the deep Atlantic Ocean. Nature, 544(7693): 515-518.

Schmidtko S, Stramma L, Visbeck M. 2017. Decline in global oceanic oxygen content during the past five decades. Nature, 542 (7641): 335-339.

Sharp J D, Fassbender A J, Carter B R, et al. 2022. GOBAI-O_2: Temporally and spatially resolved fields of ocean interior dissolved oxygen over nearly two decades. Earth System Science Data, 15: 4481-4518.

Siegel D A, Behrenfeld M J, Maritorena S, et al. 2013. Regional to global assess-ments of phytoplankton dynamics from the SeaWiFS mission. Remote Sensing of Environment, 135: 77-91.

Smale D A, Wernberg T, Oliver E C, et al. 2019. Marine heatwaves threaten global biodiversity and the provision of ecosystem services. Nature Climate Change, 9: 306-312.

Thompson D W J, Wallace J M. 1998. The Arctic oscillation signature in the wintertime geopotential height and temperature fields. Geophysical Research Letters, 25(9): 1297-1300.

Wang B D, Wei Q S, Chen J F, et al. 2012. Annual cycle of hypoxia off the Changjiang (Yangtze River) estuary. Marine Environmental Research, 77: 1-5.

Wang H, Liu K, Wang A M, et al. 2018.Regional characteristics of the effects of the El Niño-Southern Oscillation on the sea level in the China Sea. Ocean Dynamics, 68: 485-495.

Wang Y, Wu C, 2018. Discordant multi-decadal trend in the intensity of the Kuroshio along its path during 1993-2013. Scientific Reports, 8(1): 14633.

Waycott M, Duarte C M, Carruthers T J B, et al. 2009. Accelerating loss of seagrasses across the globe threatens coastal ecosystems. Proceedings of the National Academy of Sciences of the United States of America, 106: 12377–12381.

WMO. 2023. WMO Statement on the State of the Global Climate in 2022. WMO_No.1316. Geneva, Switzerland.

Wu B Y, Wang J, Walsh J. 2004. Possible feedback of winter sea ice in the Greenland and the Barents Sea on the local atmosphere. Monthly Weather Review, 132(7): 1868-1876.

Yang J, Liu C L, Sun Q W, et al. 2023. Interannual Variability and Long-Term Trends in Intensity of the Yellow Sea Cold Water Mass during 1993-2019. Journal of Marine Science and Engineering, 11(10): 1888.

Yang Q, Ma Z G, Fan X G, et al. 2017. Decadal Modulation of Precipitation Patterns over Eastern China by Sea Surface Temperature Anomalies. Journal of Climate, 30(17): 7017-7033.

Zhang Z Q, Sun X G, Yang X Q. 2018. Understanding the Interdecadal Variability of East Asian Summer Monsoon Precipitation: Joint Influence of Three Oceanic Signals, Journal of Climate, 31(14): 5485-5506.

Zhou Y T, Gong H G, Zhou F. 2022. Responses of Horizontally Expanding Oceanic Oxygen Minimum Zones to Climate Change Based on Observations. Geophysical Research Letters, 49(6): e2022GL097724.

附录 I　资 料 来 源

本书中使用的资料来源

本书中所用资料主要源自国家海洋信息中心，其他资料来源如下。

世界气象组织（www.wmo.int）：《2022 年全球气候状况》：表面温度。

中国气象局国家气象信息中心（data.cma.cn）：气温、气压、降水、风速。

中国气象局国家气候中心（ncc-cma.net）：副热带高压指数、印度洋偶极子指数。

自然资源部海洋减灾中心（www.nmhms.org.cn）：《中国海洋灾害公报》（2000~2022年）：风暴潮和海浪发生次数。

中国科学院大气物理研究所（www.iap.ac.cn）：全球海洋热含量。

日本气象厅（www.data.jma.go.jp）：全球海洋热含量、太平洋年代际振荡指数。

美国国家冰雪数据中心（nsidc.org）：南、北极海冰。

美国国家海洋与大气管理局物理科学实验室（www.psl.noaa.gov）：海表温度、海平面气压、位势高度、垂直速度、大西洋多年代际振荡指数。

美国地球与空间研究所（www.esr.org）：海表面流场。

英国气象局哈德莱中心（www.metoffice.gov.uk）：海表温度。

哥白尼海洋环境监测中心（marine.copernicus.edu）：海平面、海浪、pH。

法国国家空间研究中心（www.aviso.altimetry.fr）：海浪。

其他说明

本报告中的季节划分是：上年 12 月至本年度 2 月、3~5 月、6~8 月、9~11 月，分别为冬季、春季、夏季、秋季。以 2 月、5 月、8 月和 11 月作为冬季、春季、夏季、秋季的代表月。

本报告中除特别说明外，距平值指原始值减去 1991~2020 年平均值。

沿海海洋状况分析主要基于国家海洋观测站网资料，近海海洋状况分析主要基于浮标、调查船和卫星等观测资料（研究范围：100°E~150°E，0°~50°N）。

本报告中涉及的中国沿海统计资料，暂未包括香港、澳门和台湾。

主要贡献单位

国家海洋信息中心、自然资源部海洋减灾中心、广西壮族自治区海洋研究院、中国气象局国家气候中心、中国科学院大气物理研究所等。

附录Ⅱ 术 语 表

常年：在本书中，"常年"是指 1991~2020 年气候基准期的平均值，简称常年。

全球平均表面温度：与人类活动生物圈关系密切的地球表面平均温度，通常是基于按面积加权的海洋表面温度和陆地表面 1.5 米处表面气温的全球平均值。

黑潮及其延伸体：黑潮起源于北赤道流，是沿着北太平洋西部边缘向北流动的一支强西边界流，具有高温、高盐、流量大、流速强、厚度大和流幅窄等特征。黑潮的骨干经吐噶喇海峡进入太平洋后，沿日本列岛南部海区向东的海流被称为黑潮延伸体。黑潮延伸体作为中纬度海气相互作用的关键区域，其热量和水体的分布和变异对于全球气候变化和海气相互作用都有很大的影响。

西太暖池：热带西太平洋暖池，简称西太暖池，因其内积聚了全球海温最高，体积最大的暖水团而得名。该暖池区内通常伴随着强烈的海气相互作用以及对流活动，因而对区域乃至大尺度气候异常产生影响。

海洋热含量：是指一定体积海水所包含的热能，其由海水温度、密度和比热容三者乘积的体积积分计算。海洋热含量是全球气候变化最为关键的指标之一，其变化主要反映了缓变的气候变化和气候变率信号。

潮位：受天体引力作用周期性涨落的水位称为潮位。在潮位升降的每一个周期中，海面涨至最高时的水位称为高潮位；海面降至最低时的水位，称为低潮位；相邻高潮位与低潮位的高度差，称为潮差。在一个太阴日内两个高（低）潮位中高度较高（低）的一个称为高高潮位（低低潮位）。一段时间（1 月、1 年或多年等）内高高潮位（低低潮位）的平均值，称为**平均高高潮位（平均低低潮位）**。相邻高高潮位与低低潮位的高度差，称为大的潮差。一段时间（1 月、1 年或多年等）内大的潮差的平均值，称为**平均大的潮差**。

海平面：消除各种扰动后海面的平均高度，一般是通过计算一段时间内观测潮位的平均值得到。根据时间范围的不同，有日平均海平面、月平均海平面、年平均海平面和多年平均海平面等。中国沿海海平面根据验潮站观测资料计算得到，包含地面升降，为相对海平面。

极值潮位：又称极端海面，指一段时间（1月或1年等）内观测潮位的第99.9百分位值（极值高潮位）或第0.1百分位值（极端低潮位）。

海洋酸化：海洋酸化是指海洋pH长期（通常为几十年或以上）降低的现象，主要是由于吸收了大气中的二氧化碳所致，但也可由于海洋中其他化学物质增加或减少所致。

pH：根据氢离子浓度测定海水酸度的无量纲度量，其计算公式为pH= −lg[H$^+$]，pH降低一个单位相当于H$^+$浓度或酸度增加10倍。

大洋最小含氧带：通常是指大洋水体中氧含量缺乏（低于2.2毫克/升）的水层，一般在水深200~1000米，其形成主要与厌氧细菌降解有机物导致的溶解氧消耗有关，其分布受大尺度海洋环流的影响。

海浪：由风引起的海面波动现象，主要包括风浪和涌浪。按照诱发海浪的大气扰动特征来分类，由热带气旋引起的海浪称为台风浪；由温带气旋引起的海浪称为气旋浪；由冷空气引起的海浪称为冷空气浪。在海上或岸边能引起灾害损失的海浪称为灾害性海浪。

冰量：是指海冰覆盖面积占整个能见海面的成数。在进行冰量观测时，将整个能见海面分为10等份，估计海冰的覆盖面积所占的成数。海冰分布面积占整个能见海域面积不足半成时，冰量为"0"；占半成以上，不足一成时为"1"；其余类推，整个能见海面布满海冰而无缝隙时，冰量为"10"，有缝隙时为"10$^-$"。

冰期：每年冬季第一次出现海冰的日期为初冰日，翌年海冰最后存在的日期为终冰日，初冰日至终冰日的时间间隔称为冰期。

初级生产力：自养生物通过光合作用或化学合成制造有机物的速率。

海气热通量：单位时间、单位面积上海洋和大气之间传输的热量。海洋吸收的太阳入射辐射大部分被储存在海洋混合层中，相当一部分通过感热、蒸发和长波辐射释放到大气中，驱动大气的运动，剩余部分则以海洋环流为媒介在各海域之间传递。

海洋热浪：在一定海域内发生的海表温度至少连续5天超过局地气候阈值（即气候基准期1982~2011年内同期海表温度的第90百分位值）的极端高温事件，其持续时间可达数月，空间范围可延伸至数千千米。海洋热浪可分为四级，分别为中度海洋热浪（海表温度大于气候阈值）；强海洋热浪（海表温度异常大于气候阈值与气候平均态差值的2倍）；严重海洋热浪（海表温度异常大于气候阈值与气候平均态差值的3倍）；极端海洋热浪（海表温度异常大于气候阈值与气候平均态差值的4倍）。

暖昼日数：某站日最高气温大于常年同期第90百分位值的日数。

冷夜日数：某站日最低气温小于常年同期第10百分位值的日数。

极端高温事件：某站日最高气温高于极端高温事件阈值即发生极端高温事件。极端高温事件阈值由该站气候基准时段（1991~2020年）每年逐日最高气温序列的第95个分位值的30年平均值确定。极端高温事件日数为日最高气温高于极端高温事件阈值的日数。

极端高温事件累积强度为极端高温事件期间，日极端高温与极端高温事件阈值差值的累积值，单位为℃·天。

极端低温事件：某站日最低气温低于极端低温事件阈值即发生极端低温事件。极端低温事件阈值由该站气候基准时段（1991~2020年）每年逐日最低气温序列的第5个分位值的30年平均值确定。极端低温事件日数为日最低气温低于极端低温事件阈值的日数。极端低温事件累积强度为极端低温事件期间，极端低温事件阈值与日极端低温差值的累积值。

暴雨及以上级别降水日数：某站日降水量≥50毫米的日数。

强降水日数：某站日降水量超过强降水阈值的日数。强降水阈值由该站气候基准时段（1991~2020年）每年逐日降水序列的第95百分位值的30年平均值确定。

黄海冷水团：夏季，黄海整个底层除近岸外，几乎全被低温海水所盘踞，其等温线自成一个水平封闭体系，这个等温线呈封闭型的冷水体，就是黄海冷水团。黄海冷水团尤以北黄海最为显著，是中国近海浅海水文中突出和重要的现象之一。

风暴潮：由热带气旋、温带气旋、海上飑线等风暴过境所伴随的强风和气压骤变而引起叠加在天文潮位之上的海面震荡或非周期性异常升高（降低）现象，分为台风风暴潮和温带风暴潮两种。

西北太平洋副热带高压：在西北太平洋上的暖性副热带高压系统，其范围大小以500百帕位势高度场的588位势什米等值线所包围的区域来表示，是影响东亚以及我国天气气候最主要的系统之一，尤其是其位置、面积和强度的变化对我国汛期降水有重要影响。

厄尔尼诺/拉尼娜事件：热带中东太平洋海表温度大范围持续异常上升/下降的气候现象，其名称起源于西班牙语，意为"小男孩/小女孩"。厄尔尼诺与拉尼娜事件通常交替出现，是热带太平洋海洋和大气相互耦合作用的结果，为气候系统内部最强的年际变化信号。

南方涛动：热带东太平地区和热带印度洋地区气压场反相变化的跷跷板现象。通常使用达尔文岛与塔希提岛之间的气压差表示，南方涛动影响全球海洋和大气状况。

热带印度洋偶极子：是热带西印度洋（10°S~10°N，50°E~70°E）和东南印度洋（10°S~0°，90°E~110°E）海表温度的跷跷板式反向变化，具有显著的季节位相锁定特征，通常在夏季开始，秋季达到峰值，冬季快速衰减。热带印度洋偶极子的变化是影响我国降水的重要因素之一。

太平洋年代际振荡：是北太平洋海表温度年代际变率的主模态，具有多重时间尺度，主要表现为准20年周期和准50年周期，对全球及中国气候系统的影响较为显著。